QUÍMICA INFORMAL

Calixto López
Rosalía Rouco

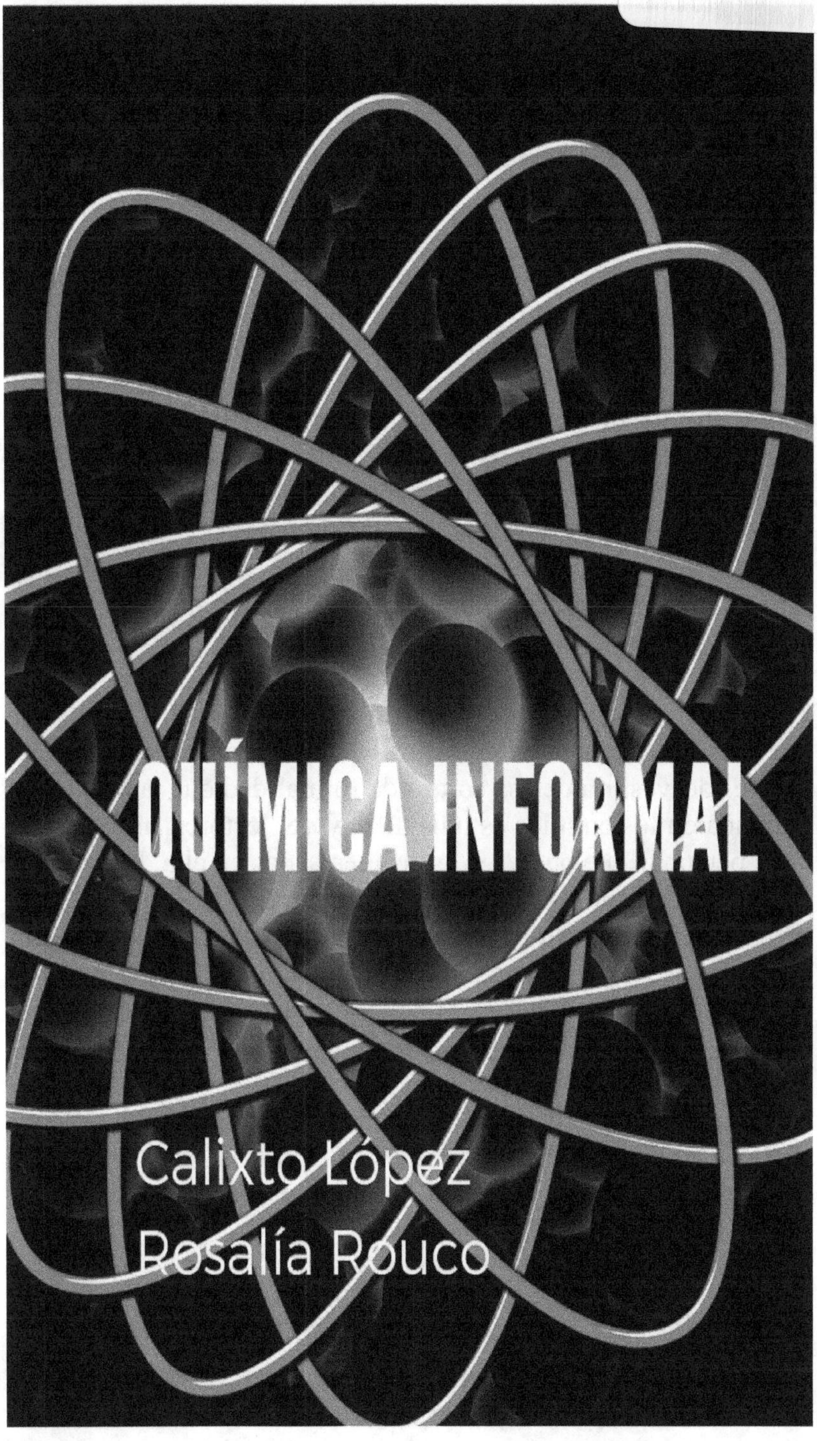

QUÍMICA INFORMAL

PRÓLOGO DEL AUTOR

El formalismo en el enfoque de la química como ciencia, y como asignatura en particular, ha venido permeando esta esfera del conocimiento de manera gradual y sistemática a través del tiempo, proceso que se ha acelerado en los últimos años, lo que incide en que su enfoque y tratamiento actual diste mucho de ser cómo era en otras épocas. Esto para cualquiera pudiese significar que existen dos químicas: la de antes y la de ahora, cuando en realidad hay una sola, la de siempre, la que surgió como ciencia después de la época de los alquimistas, y muy especialmente tal como la formuló Antoine Lavoissier a finales del siglo XVIII.

La misma química, pero con diferentes formas o enfoques, es la que existe actualmente, y nosotros lo que pretendemos en este libro es desvestirla de esa coraza de formalidad que la hace poco aceptada en los círculos estudiantiles y de lectores, así como de otras personas que pudiesen estar interesadas en ella. La química no es la física, ni las matemáticas, donde las leyes y principios se manifiestan y cumplen con rigurosa exactitud, aunque por supuesto, es una ciencia de las llamadas exactas, pero abordar el movimiento químico de la materia se hace mucho más complejo, porque este precisamente se nos presenta así, más complejo, y siempre las ecuaciones no salen tan sencillas y elegantes como las de las dos materias referidas, mucho menos puede ocurrir esto en la biología y por último en las ciencias sociales, en que este movimiento aún no entiende de cálculos y ecuaciones.

Por tanto, lo que presentamos no es un libro de química general, ni de inorgánica, ni de otro tipo que no sea este: *química informal*, en el que se puede aprender mucho de esta ciencia mediante historias, relatos, análisis y valoraciones, todos ellos impregnados de genuinos valores humanos y de buenas prácticas de conducta; y en el que a veces los elementos y sustancias pueden tomar personalidad, porque en definitiva es un libro libre y abierto, donde no prevalece el criterio del autor, sino las reflexiones y conclusiones a que pueda arribar el lector sobre temas, a nuestro parecer relevantes, todos recogidos en veinte relatos sobre lo que es, fue y puede representar esta interesante ciencia, que lleva el nombre de *química*, hoy presentada de una manera un tanto informal.

CAPÍTULO I

El elemento más triste del Universo

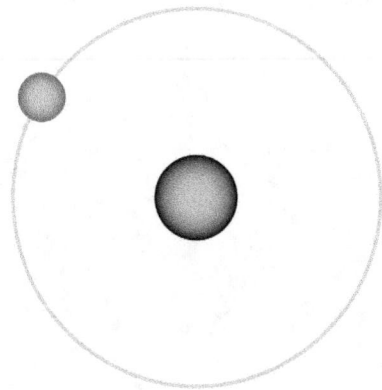

Átomo de Hidrógeno

Despidiendo un fuerte y penetrante olor nauseabundo, el Sr. Selenio entró en el vestíbulo de la consulta de "elementoterapia" del sistema periódico. Su rostro desencajado mostraba gran aflicción. En el local, recostado en un amplio sofá, regordete a más no poder, el Sr. Uranio-238 esperaba pacientemente su turno.

— Buenos días Sr. Uranio que alegría verlo, uno no se encuentra con frecuencia un elemento tan importante como usted. ¿Cómo está de salud?, ¿qué tal su familia?

— Pues muy mal Sr. Selenio estoy sufriendo un sobrepeso que me preocupa por la posibilidad de que reviente algún día. Así, que por si acaso, no se me acerque, ya que usted conoce la magnitud de esas explosiones nucleares. En cuanto a mi familia, lo de siempre, Plutonio-239 no me reconoce como padre y mucho menos como hermano mayor, a pesar de que yo llegué y fui conocido en este planeta antes que los transuránidos. Se cree muy importante y no se quiere dar cuenta que soy más famoso y ocupo un amplio espacio en la prensa y en la televisión, incluso cuento con numerosos *fans*, sobre todo después del impulso que me dio Oppenheimer durante la Segunda Guerra Mundial. ¡Que muchacho ese!, ¡que inteligencia!, lástima que le tocó la época del Macartismo y por poco acaban con él.

—Yo pensé que su fama era porque lo asociaban con las bombas atómicas.

— No, no se equivoque, eso sólo es una de mis facetas, un desliz de juventud. No ha vuelto a pasar, pero anda por ahí cada político loco que si por ellos fuera ya hubiesen acabado con el mundo, sin embargo, usted conoce que yo no tomo esas decisiones; aunque como es lógico, tengo que darme a respetar y mis explosiones de carácter son muy violentas.

—Y a ¿qué vino, si se puede saber?

— Estoy aquí para que me den una "fisioneutronomía", y me quiten tres neutrones que tengo de más, así disminuyo de peso y tomo la forma de U-235. Usted sabe, tiene mucha popularidad, es más ligero, aunque eso si, muy violento. No se puede ni mirar y Dios nos libre de tocar. La operación es muy riesgosa y debe ejecutarla un equipo mixto ruso-americano, pues si me tratan con algún neutrón muy rápido me parten a la mitad, y si es muy lento y le da por quedarse, me convierto en más gordinflón aun, como mis hermanos transuránidos pesados.

—Y usted Sr. Selenio ¿a qué se debe su visita a la consulta?

— Soy muy desdichado, a pesar de formar parte de una de las familias más importantes del sistema periódico, los "anfígenos", aunque ahora algunos nos quieran llamar los "calcógenos", pero de eso ni hablar, detesto a los halógenos, esos bastardos del séptimo grupo, por lo que no nos gusta este último nombre.

—Usted sabe que formamos una familia muy unida y con miembros muy importantes y distinguidos, sobretodo el Oxígeno, el menor, que es un genio, sin el cual no habría vida y si no pregúntele a los humanos, que de no respirarlo unos minutos, mueren por asfixia. Es un muchacho muy dinámico, al hierro lo hace añicos. Es muy activo químicamente, y si no fuese por el "desgraciado" del flúor, sería el elemento no metálico más reactivo de todo el sistema periódico. ¡Ah! y cuando se une en una cadena de tres átomos se transforma en Ozono indispensable para proteger a la Tierra de los rayos ultravioletas que vienen del Sol, sino ésta se hubiera convertido en un desierto calcinado, caliente y seco, y como si esto fuera poco, forma parte de la composición química del agua y qué decir de esta sustancia maravillosa imprescindible para la vida.

— Mi otro hermano menor, el azufre — prosiguió el Selenio — es también sumamente útil y cuando le da por formar ácidos, no el sulfhídrico, sino el sulfúrico, ¡qué ácido este! el más importante para los humanos. Símbolo de bienestar e industrialización. Lo usa todo el mundo e imagínese, que el grado de desarrollo de una nación lo pueden medir por el volumen de producción de esta sustancia.

—Y entonces ¿qué le aqueja? Preguntó el Uranio.

— El problema es que los dos menores se llevaron lo mejor del pastel y a Teluro, mi hermano mayor, y a mí nos dejaron lo peor. Desprendemos un olor semejante al de las mofetas, sobre todo combinado con otros elementos. Fíjese que cuando alguien trabaja con nosotros en el laboratorio botan la ropa pues el mal olor no hay quien se la quite. Por eso se olvidan de nuestras muchas cualidades: que somos oligoelementos, muy importantes para la vida, tal vez imprescindibles, que nos encontramos en plantas muy útiles como las aliáceas y que incluso en pequeñas cantidades formamos parte de las comidas. Además, hemos adquirido relevancia en la industria de la electrónica, como semiconductores por nuestro carácter de metaloides, y también poseemos propiedades fotoeléctricas, y considere si este efecto es importante que a Einstein le dieron el Premio Nóbel por esto y no por su famosa Teoría de la Relatividad, sí, esa que casi nadie comprende porque no se pueden meter en la cabeza de que usted puede tener una masa y una longitud diferente según la velocidad con que viaja, sobre todo si se acerca a la de la luz, y que hasta el tiempo no transcurre igual.

— No obstante, pese a todo lo que le acabo de contar, los humanos nos rechazan por el problema del olor, pero me han dicho que el Dr. Mendeleiev, aconsejado por unos botánicos y agricultores, valora que si los alimentos en que nos encontramos se comen mezclados con una planta que se llama "perejil" podemos pasar desapercibidos en las comidas y por eso estoy aquí.

— Pero, Sr. U-38 ¿quién está allá adentro, lleva mucho tiempo, no?

— Sí, muchísimo tiempo y asiste a consulta con frecuencia, su situación es mucho más grave que la nuestra, su mal no tiene cura, es un problema sentimental, y su realidad es muy triste, pues vive solo, aislado, sin hogar y rechazado por todos.

— Pero explíquese Sr. U-238, que no entiendo nada.

— Sí, Sr. Selenio, es el elemento más importante del Universo, el primero que se formó después del Big-Bang, el que hace brillar las estrellas, entre ellas el Sol que produce la energía que necesitamos y nos envía su potente luz, sin la cual no habría fotosíntesis, ni vida en la Tierra. Es, además, el principal elemento del que están formados los seres vivos, nuestro padre ancestro del que vinimos todos los elementos, incluso yo, con lo grande y pesado que soy.

— Pero ¿cómo es eso?, serán tal mal agradecidos los demás.

— Pues sí, no pertenece a ninguna familia en particular, aunque pudiese ser de varias. Por tener un electrón en su último nivel de energía, debía ser del grupo I, de los metales alcalinos, todos ellos elegantes, agresivos, generosos, de gran porte, que ceden esa partícula negativa a cualquier otro que esté en condiciones para aceptarla. Pero esa cualidad no la comparte nuestro amigo ya que presenta una electronegatividad intermedia, parecida a la de los elementos del grupo del Carbono.

— Por lo anterior, intentó integrarse a la familia del Carbono, pero ni estos lo quieren; es verdad que adquiere la estructura de gas noble al compartir, ceder y adicionar igual número de electrones de los que tiene, pero no es sólido, ni forma la más mínima cadena como algunos de estos elementos y no cuenta con electrones en orbitales "p". Por lo que no pasó las pruebas de admisión de este grupo.

— Nuestro amigo es perseverante y se presentó al grupo VII de los halógenos, sus convecinos y tampoco lo aceptaron pese a que le falta al igual que a ellos un solo electrón para adquirir la configuración de gas noble y es capaz de compartirlo semejante a éstos, incluso de formar compuestos más importantes y estables como el agua con el oxigeno. También, en ocasiones, genera algunas sales semejantes a las de ellos, es un gas como el Flúor y el Cloro. Pero no, no le dieron entrada, lo vieron muy pequeño, sin valencias variables, incapaz de formar varias sustancias con un mismo elemento salvo en casos excepcionales; imagínese, el pobre no tiene electrones "p" y éstos pueden llegar a tener hasta siete. Por otra parte, carece de neutrones, con excepción de un par de isótopos. En definitiva, no es aceptado por nadie.

— Pero ¿cómo siendo tan importante no se ha podido resolver este problema?

— Pues pasa como en la vida de los humanos, hay mucha ingratitud y a pesar de que es nuestro padre y el de todos los elementos del Universo vaga despreciado, de grupo en grupo, sin que le den asilo, problema que no ha resuelto ni el mismísimo Dr. Mendeleiev, arquitecto del sistema periódico

-Y ¿quién es ese elemento?

-Es el *hidrógeno*, y mire ahí sale, pequeño, triste, cabizbajo y pensativo.

CAPÍTULO II

Orden en el desorden: la tabla periódica

Hay algo que no puede dejar de ser contado cuando se habla de química y de los elementos, algo que es necesario para comprender lo demás, y lo demás en esta ciencia es mucho. Se trata de uno, o el descubrimiento más trascendental en la historia de la química, y por supuesto, imprescindible y necesario para comprenderla: *El sistema periódico, la tabla periódica o la clasificación periódica de los elementos*, como quiera llamarse.

En nuestra historia hay dos protagonistas, uno alemán: Lothar Meyer y otro ruso: Dmitri Ivanovich Mendeleiev, ambos químicos, que decidieron en un momento de su vida *poner orden en el desorden*, o declarar: hágase la luz en la química. Cada uno empleó un método diferente al del otro, Meyer a partir de las propiedades físicas, y Mendeleiev de las químicas. Al final los dos arribaron a conclusiones muy semejantes, pero el mayor mérito en esta hazaña lo tuvo Mendeleiev y por esto es justo que la tabla periódica lleve su nombre, aunque haya sufrido algunas transformaciones y no sea totalmente idéntica a la que él propuso.

En la época de estos científicos, hacia 1868-1870, se conocían solo 63 elementos, hoy día la cifra es de 118 y seguirá creciendo en virtud de que los nuevos son obtenidos artificialmente por el hombre por bombardeo, generalmente con neutrones, de los que existen en la naturaleza y los llamados *artificiales*, aunque no hay nada de artificial en esto, pero lo hacemos para nombrarlos de alguna manera, claro, su vida es muy breve, lo que no permite una caracterización y estudio de su propiedades químicas como sería deseable realizar, así que algunos de ellos existen más para la física nuclear que para la química experimental.

El estado de la química en la época a que nos referimos, aunque bien definida y estudiada como ciencia, permitía conocer de los elementos muy pocas cualidades: peso atómico, densidad, temperatura de fusión y ebullición, entre algunas propiedades físicas y también algunas reacciones químicas en que participaban. Visto lo cual, con estas herramientas era con las que se tenía que poner orden en el desorden existente y clasificar a los elementos de acuerdo con sus semejanzas, pero siguiendo algún patrón o principio.

Por supuesto, al hablar de elementos, primero había que tener muy clara la definición del término, y más o menos esto se tenía bastante bien definido merced a los trabajos del inglés Robert Boyle en el siglo XVII plasmados en su libro *"El químico escéptico"* y por Antoine Lavoissier en su tratado de Química de 1789, a lo que hay que sumar los escrupulosos estudios del inglés Jonh Dalton a principios del siglo XIX, del cual decimos que es una pena que no hayamos podido dedicarle unas líneas porque bien que se las merece. En esencia, se consideraba tal como ahora, que *un elemento es una sustancia simple de naturaleza definida constituida por un solo tipo de átomos.*

En otras palabras, si una sustancia está constituida por un solo tipo de átomos, independientemente de su estructura o enlaces consigo mismo, es un elemento, pero si está formada por átomos distintos no es un elemento. Así, el hidrógeno se presente en forma simple como H, o molecular H_2 se trata de un elemento: el *hidrógeno*, pero si está unido al cloro, por ejemplo, en el cloruro de hidrógeno (HCl) ya no es un elemento, sino una *sustancia compuesta*, en este caso por dos elementos: cloro e hidrógeno.

Está claro entonces que el análisis tenía que hacerse con los elementos, analizar sus propiedades y valorar si entre ellos había alguna analogía para agruparlos en diferentes *grupos*, palabra que se incluyó en la clasificación periódica. Inicialmente hubo algunos intentos para realizar esta clasificación, recogidos en muchos textos de Química (triadas de Döbereiner, octavas de Newlands, etc.) pero en esencia no lograban que se realizara una clasificación científica y sistemática como sí ocurría con otras ciencias, como la biología, al clasificar las plantas y los animales.

De manera que Lothar Meyer empleó para clasificar los elementos las magnitudes físicas que poseían, con lo cual contaba con valores numéricos que podían argumentar su clasificación, mientras que Mendeleiev lo hizo con las propiedades químicas, aunque también se auxilió de las físicas para tratar de incluir en cada grupo los elementos que tuviesen un comportamiento similar, y después ubicarlos de acuerdo con los valores de sus *pesos atómicos*. Como explicábamos, ambos científicos tuvieron éxito en su propósito aunque los resultados de Mendeleiev fueron muy superiores y posibilitaron que pudiese proponer una tesis de unión de todo su sistema: *Las propiedades físicas y químicas de los elementos son funciones periódicas de sus pesos atómicos.*

Una de las características de los elementos a las que Mendeleiev prestó mayor atención fue su *valencia*, de manera que los elementos que mostrasen un comportamiento químico similar y una misma valencia debían concurrir en un mismo grupo, tal como a modo de ejemplo, los metales alcalinos: litio (Li), sodio (Na), potasio (K), rubidio (Rb) y cesio (Cs) que forman un grupo y todos tienen valencia 1. Este mismo análisis podía hacerse para los alcalinotérreos, valencia 2, comenzando por el magnesio, para los del aluminio con valencia 3, hasta llegar al grupo del carbono, con valencia 4. Al pasar al grupo siguiente, el del nitrógeno, las valencias comenzaban en retroceso 3 para este grupo, 2 para el grupo del oxígeno 2 y 1 para los halógenos. Estas valencias se manifestaban así para los compuestos más comunes conocidos en aquella época. Luego de esto, conjugó la posición de los elementos con los pesos atómicos para formar los *períodos*, par formar un ordenamiento vertical y horizontal.

Una vez seguido el procedimiento anterior, por primera vez entonces se tuvo un parámetro con el que poner orden en todo aquel desorden. Pongamos un ejemplo en los análisis de Mendeleiev, los metales alcalinos: litio (Li), sodio (Na), potasio (K),…etc., todos muestran propiedades semejantes y sus masas atómicas son: 7, 23 y 39; en valores redondeados, respectivamente. Es de esperar que los elemento del grupo siguiente: el de los alcalinotérreos les siguiesen en peso y mostrasen un comportamiento similar entre ellos de acuerdo a sus pesos atómicos respectivos: berilio (Be), magnesio (Mg) y calcio (Ca), para no mencionarlos todos: 9, 24 y 40 (en valores redondeados) y así sucesivamente, como en efecto ocurre.

Mendeleiev alineó sus elementos de forma horizontal y con ello formó los grupos de la tabla periódica, aunque actualmente esto se hace de forma vertical. Con ello era como si ya los elementos tuviesen familia y pudiesen ocupar un puesto en ella como función periódica de sus pesos atómicos.

```
                          Ti=50      Zr=90     ?=180.
                          V=51       Nb=94     Ta=182.
                          Cr=52      Mo=96     W=186.
                          Mn=55      Rh=104,4  Pt=197,4
                          Fe=56      Ru=104,4  Ir=198.
                          Ni=Co=59   Pl=106,6  Os=199.
H=1                       Cu=63,4    Ag=108    Hg=200.
        Be=9,4  Mg=24     Zn=65,2    Cd=112
        B=11    Al=27,4   ?=68       Ur=116    Au=197?
        C=12    Si=28     ?=70       Sn=118
        N=14    P=31      As=75      Sb=122    Bi=210
        O=16    S=32      Se=79,4    Te=128?
        F=19    Cl=35,5   Br=80      I=127
Li=7    Na=23   K=39      Rb=85,4    Cs=133    Tl=204
                Ca=40     Sr=87,6    Ba=137    Pb=207.
                ?=45      Ce=92
                ?Er=56    La=94
                ?Yt=60    Di=95
                ?In=75,4  Th=118?
```

Tabla periódica original de Mendeleíev. Rusia, 1869.

Tanto Meyer como Mendeleiev publicaron las conclusiones a que habían arribado, primero el ruso y después el alemán, solo con un año de diferencia, pero, y en muchas cuestiones hay un pero, y es que la comunicación científica entre Rusia y Occidente era mala, para no decir inexistente por aquellos tiempos, como se puede observar en la Ley de conservación de la masa, al parecer formulada primero por Mijail Lomonosov, sin que se conociera nada en Europa y después por Antoine Lavoissier; y para no crear disquisiciones, dada la relevancia de la figura de Lavoissier, se le llama "Ley de Lomonosov-Lavoissier" y así quedó medio que zanjado el problema. En el caso que exponemos, aunque alguno que otro ha hablado de la tabla periódica de Meyer-Mendeleiev o viceversa, esto no se extendió y hoy justamente se conoce como *Tabla periódica de Mendeleiev* por cuanto además de clasificar los elementos y llegar un poco antes en el tiempo, el científico ruso propuso una ley y principio que se ha mantenido en el tiempo, pese a los notables avances en el campo de la química en los años posteriores.

Cuando se diseñó la tabla periódica, el estado de la química en muchos aspectos que dan base a una verdadera clasificación no se conocían, entre ellos la constitución y estructura del átomo que en aquellos momentos se consideraba indivisible y no se conocía siquiera las partículas básicas que lo integran: electrones, protones y neutrones, tampoco la naturaleza del enlace químico y el papel que en él tienen los electrones y su distribución en el átomo, de manera que la ley expresada hoy difiere algo, muy poco, de la de Mendeleiev y solo es necesario cambiar el término *peso atómico* por el de *número atómico*, esto es, el número de protones o electrones que tiene el átomo de un elemento particular y que lo diferencia de los demás. En otras palabras, puede definirse de la forma simplificada siguiente: *Las propiedades físicas y químicas de los elementos son funciones periódicas de sus números atómicos*.

Ahora visto esto así, parece todo muy fácil, pero veamos que nada fue camino de rosas para el eminente científico ruso. Uno de los principales problemas que se le presentaron fue con algunos elementos, que de acuerdo con su peso atómico debían incluirse en grupos donde las propiedades de sus miembros no se correspondían con las de ellos. Un caso particular fue el del yodo de peso atómico 126,9 u y el teluro de peso 127,6 u. Por estos valores el grupo que le correspondería al yodo debía ser el del oxígeno, azufre, etc. con el que no guarda relación alguna, pero si lo hace con el del flúor, cloro, bromo… con el que si se identifica plenamente en todas sus propiedades.

En honor a la verdad, Mendeleiev dio una solución salomónica al problema y expresó que los pesos atómicos del yodo y el teluro estaban mal determinados, y como este tipo de error podía ser común, dadas las herramientas y los métodos empleados en la época para medirlos, esto se tuvo que tomar por bueno, o que en la naturaleza todo no podía ser tan perfecto. Claro, de acuerdo con la definición de las propiedades periódicas de los elementos en función de los números atómicos esto no hubiese sucedido, por cuanto el número atómico del yodo (53) es mayor que el del teluro (52) lo cual se explica porque en los átomos de este último hay un mayor número de neutrones que contribuyen significativamente con el valor de la masa atómica.

Otro par de elementos muy conocidos y muy similares en todas sus propiedades, son el cobalto y el níquel, en que dado el orden de los pesos atómicos, el níquel (58,69 u), debía anteceder al cobalto (58,93 u), pero que de acuerdo con sus propiedades, el orden debía ser al revés, como en efecto hizo, aduciendo las mismas razones que con el yodo. El número atómico del cobalto es 27 y el del níquel 28, con lo que de emplearse este parámetro en la clasificación, no se hubiese presentado ningún problema. Es de considerar que aunque ahora se emplea el término de *masa atómica*, se ha preferido utilizar el de *peso atómico* tal como se hacía en aquella época.

Otro problema con el que tuvo que enfrentarse Mendeleiev, y es el que le da un valor incalculable a su descubrimiento y a la fe ciega con que lo defendía, es el que quedaban espacios vacíos en la tabla periódica, huecos donde debían ir determinados elementos y estos, o no existían, o no eran conocidos. La solución que dio Mendeleiev en este caso no fue como la anterior, sino de una confianza y creencia absoluta en la tabla por él diseñada, pronosticó que estos elementos debían existir pero que aún no se habían descubierto, y fue aún más allá, predijo algunas de sus propiedades y su comportamiento químico, incluso la formación de determinados compuestos. ¡Había que tener mucho valor para hacer esto!

Esta vez la historia dio completamente la razón al científico cuando en años posteriores, por suerte en vida de este, fueron descubiertos los elementos que faltaban y que coincidían con la ubicación dada por Mendeleiev en su tabla; se trataban del galio (Ga), escandio (Sc) y germanio (Ge). El galio de peso atómico 69,72 u ubicado en el grupo del boro, posterior al aluminio fue descubierto por el francés L. de Boisbaudran en 1875. Pocos años después, en 1879, el químico sueco Lars Nilson descubrió el escandio (Sc), un elemento de transición de masa atómica 44,96; y por último, en 1886 el químico alemán Clemens

Winkler lo hizo con el Germanio (Ge), de masa atómica 72,64 u ubicado en el grupo del carbono a continuación del silicio.

Veamos como fue lo predicho y realmente demostrado con el galio, un elemento al que Mendeleiev había nombrado *eka-aluminio* (posterior al aluminio), para asignarle algún nombre:

Propiedades	Valores predichos	Valores reales
Masa atómica (u)	68,0	69,3
Densidad (g/cm^3)	5,95	5,93
Temp. de fusión (°C)	Bajo	30,17
Fórmula del óxido	Ea$_2$O$_3$	Ga$_2$O$_3$
Fórmula del cloruro	Ea$_2$Cl$_6$	Ga$_2$Cl$_6$

Aún mayor fue la exactitud de sus predicciones con el germanio, pero nos parece que con el ejemplo del galio es más que suficiente, y sobre todo pronosticar su existencia, antes que se descubriera.

Después de las comprobaciones de las predicciones realizadas por Mendeleiev, nadie osó tener ni la más mínima duda sobre la validez y utilidad de la clasificación periódica de los elementos y la tabla diseñada por este, por cuanto un detalle posterior relacionado con los gases nobles, no conocidos en la época en que el científico ruso elaboró sus tesis, quedó totalmente zanjado por cuanto todos coincidían con su inercia química y se ajustaban perfectamente al diseño de Mendeleiev como un nuevo grupo de la tabla periódica, él les llamó grupo "0" y posteriormente se le designó como "VIII" por estar después de los halógenos. En referencia a la tabla periódica de 18 columnas les corresponde el grupo XVIII, al final de esta.

La tabla periódica sufrió un nuevo contratiempo a finales del siglo XIX y principios del XX, cuando se investigaron un grupo de elementos conocidos entonces como *tierras raras* (lantánidos), en total 14 elementos que comenzaban con el lantano (peso atómico: 138,91 u) y terminaban con el iterbio (peso atómico: 173,04 u), todos ellos presentaban una masa atómica que se movía en un intervalo relativamente reducido, con un comportamiento químico muy similar, y todos tenían valencia 3. No obstante, esto no creó ningún cisma en la tabla periódica pues ya las bases sobre las que se sustentaba el sistema periódico eran el número atómico y la estructura electrónica y todos estos elementos mantenían el mismo número de electrones en la última capa de valencia, mientras rellenaban los orbítales "f" que pueden contener 14 electrones. Hoy el término más común para designarlos es el de *lantánidos* por ser este elemento con quien comienza el grupo, aunque aún algunos le siguen llamando *tierras raras*. Estos van desde el lantano de número atómico 57 al iterbio de número atómico 71.

Posteriormente se repitió un hecho semejante a partir del actinio con número atómico 89, hasta el nobelio con número atómico 102, grupo al que se conoce comúnmente como *actínidos* y también su comportamiento se relaciona con el llenado de orbitales "f", en un nivel de energía superior a los lantánidos. Sus masas atómicas van desde el actinio 227,03 u hasta el nobelio 259,01 u. Como se aprecia, todos ellos son metales muy pesados, la mayor parte son radiactivos y obtenidos artificialmente por el hombre, por lo que su importancia química es muy reducida, con excepción del uranio y el torio.

Atendiendo a estos nuevos descubrimientos, la forma de representar la tabla periódica sufrió diversos cambios hasta llegar a la más actual conocida como de 18 columnas, cuya variante más común es la siguiente:

Tabla periódica actual de uso más común en las aulas de química de todo el mundo

La vida de Dmitri Ivanovich Mendeleiev es un ejemplo vivo de la fuerza de voluntad de un hombre para anteponerse a las dificultades, las cuales fueron muchas, desde el fallecimiento de su padre a edad muy temprana, así como el rechazo para ser admitido en las universidades rusas por su origen siberiano. Su madre fue un sostén y apoyo extraordinario en esos primeros momentos, al no escatimar sacrificios en la educación de su hijo, mientras vivió.

Durante su vida académica Mendeleiev mostró una actitud humanista y de defensa de los derechos de los desfavorecidos, lo que le ocasionó no pocos problemas, incluso con las autoridades zaristas cuando intercedió por un grupo de estudiantes en 1890, hecho que le costó su cargo de profesor ejercido durante más de 20 años, pero así era Mendeleiev, y por eso fue capaz de vencer todos los obstáculos relacionados con la tabla periódica.

El descubrimiento de la ley periódica, y la tabla correspondiente, no fue el único campo donde descolló Mendeleiev; realizó investigaciones en otros muchos más: en el del petróleo, de las disoluciones, la pólvora sin humo, la industria naval, los fertilizantes, etc. En un régimen opresivo y autocrático como el zarista sus ideas progresistas y liberales no tenían cabida, lo que le acarreó, que aún con extraordinario talento, no fuese nombrado miembro de la Academia de Ciencias de este país, tampoco obtuvo el Premio Nóbel de Química de 1906, pese a que una parte considerable de los miembros de este comité lo consideraban merecedor; pero al final, las inconsistencias, errores, para no hablar de favoritismos, llevaron a que se le otorgara al químico francés Henry Moissam por la obtención del flúor: Nada contra el francés, máxime tratándose del flúor, pero hablamos de un solo elemento, cuando Mendeleiev fue el que dio orden a todos ellos, pero así es la historia, así son algunos de los tribunales otorgadores de premios y ojala que los ojos de su fundador Alfred Nóbel desde un lugar muy lejano, no sean capaces de ver tamañas injusticias, digo, *decisiones*.

Hoy día no hay aula de Química en el mundo donde no esté presente, en forma de mural, y en un tamaño apreciable, la tabla periódica de Dmitri Ivanovich Mendeleiev, aunque no en su formato original y con más columnas, pero esto no importa, porque al fin y al cabo esta llevará asociado su nombre por siempre.

Nota: El elemento químico número 101 de la tabla periódica lleva el nombre de *Mendelevio* (Md) en honor al científico ruso Dmitri Ivanovich Mendeleiev, semejante honor no lo tiene cualquiera.

CAPÍTULO III

La voluntad de una mujer

La mejor vida no es la más larga, sino la más rica en buenas acciones.

María Sklodowska Curie.

Si Dmitriv Mendeleiev constituye un ejemplo de férrea voluntad y de esfuerzo por imponerse a las dificultades, una mujer polaca: Maria Sklodowska, supera los límites de la fuerza y la voluntad del ser humano para lograr sus objetivos en contra de todas las dificultades inimaginables hoy día, porque en su contra lo tuvo todo, a todo le hizo frente, y venció, y más que todo a los límites que imponía una sociedad injusta y desigual para el desarrollo de la mujer en todas las dimensiones de la vida, incluyendo lo intelectual.

Sí, Maria Curie, como es conocida en todo el mundo, se impuso a todas y cada una de las dificultades a las que se fue enfrentando y una a una las fue venciendo, a fuerza de esfuerzo, abnegación, trabajo, paciencia e inteligencia.

Su nacimiento no favorecía el que se dedicara a la labor científica o académica, tampoco la época y el lugar: Varsovia, Polonia en 1867. El país se encontraba bajo dominación de la Rusia zarista, y si duro era el sistema opresivo para los rusos en su país, como sería para los polacos bajo dominio de éstos. Sin embargo, el ambiente familiar puede que haya sido quien impulsara su vocación por la ciencia, por cuanto su padre ejercía como profesor de Física y Matemáticas de nivel medio, y su madre era maestra y aficionada a la música. Nos imaginamos que oyera con frecuencia en su infancia las sinfonías de Chopin llenas de tristeza y melancolía, pero, solo nos lo imaginamos.

El ambiente no era acomodado, la fortuna de sus padres, como la de otros patriotas polacos, se había desvanecido en apoyos a movimientos emancipadores, por lo que la única opción para ella y sus hermanos era la de desenvolverse lo más independientemente posible y salir adelante por sus propios medios. Hasta la lengua materna fue prohibida en las escuelas y también el trabajo experimental en laboratorios, lo que hace indicar que el equipamiento de laboratorio de su padre haya ido a parar a su casa y allí fuese aprovechado por la joven para desarrollar su incipiente vocación.

Dos golpes muy duros recibiría la niña Maria en sus primeros años: la pérdida de una de sus hermanas por tifus, y de su madre por tuberculosis cuando contaba solo 11 años. Su fe católica se desvaneció con estos sucesos, que le arrebataban también sus sueños de felicidad infantil.

Después de cursar la enseñanza elemental y secundaria, su condición de mujer le cerró las puertas a la educación superior, por lo que de manera clandestina realizaría estudios en una de las tantas organizaciones que los polacos creaban para mantener su lengua, identidad y cultura. Al margen de esto, la situación familiar iba cuesta abajo, su padre fue despedido de su trabajo, posiblemente por sus ideas patrióticas, por lo que tuvo que dedicarse a trabajos menos calificados y mal remunerados.

Ante la situación existente había que buscar alguna salida y como a grandes males grandes decisiones, ella y una de sus hermanas, Bronislawa, decidieron viajar al extranjero, a París, donde único se le podrían abrir algunas posibilidades de superación académica e intelectual, así como dejar atrás la ahogante situación política que se vivía en Polonia.

Primero viajó su hermana con el apoyo de Maria, que mientras laboró de institutriz para apoyarla en su viaje y sus estudios, posteriormente, cuando con esta labor y la ayuda de su padre reunió lo mínimo necesario para el viaje, tomó el tren para París con pasaje de segunda y sentada durante días en incómodos bancos de madera, pues la distancia entre Varsovia y la capital de Francia es muy larga (1600 km), y en el trayecto había que atravesar media Polonia, toda Alemania y Bélgica, así como una parte de Francia. Esto sucedía a finales del año 1891 y París no se percató ese de la bajada en la estación de trenes procedente de un país del este, de una joven de rasgos caucasianos, con cara seria, pelo recogido y mirada curiosa y penetrante, pero nadie podría pensar que 11 años después esa figura habría cambiado el horizonte de la química convertida en uno de los científicos más relevantes de la historia.

Su infancia un tanto azarosa había preparado a Maria Sklodowsca, como se llamaba entonces, a enfrentar los nuevos retos que la sociedad francesa de fines de siglo le preparaba a la joven. Primero, establecerse en una ciudad desconocida, con un mínimo de recursos, de inicio con la ayuda de su hermana en la pensión que habitaba, y después en una buhardilla cerca de la

Universidad, donde no perdió tiempo y se matriculó nada más llegar, también debía familiarizarse con el idioma, que como toda lengua extranjera no entiende mucho de autodidactas, compaginar sus estudios con la impartición de clases nocturnas necesarias para su subsistencia, mal alimentada y con un ritmo de trabajo excesivo, que ocasionaron uno que otros desmayos, y pese a todo, en solo tres años obtuvo dos licenciaturas, incluyendo la de Física, en una universidad donde las mujeres que estudiaban se contaban con los dedos. ¡Tamaña hazaña la de la joven!

En 1894 todo empezó a cambiar, inició sus investigaciones científicas y conoció al que sería más adelante su esposo, amigo y compañero: Pierre Curie, donde al parecer, el amor, y el mutuo interés profesional los amalgamó hasta la muerte de este en un absurdo accidente de coche doce años más tarde. Ambos formaron una pareja inseparable, que los llevó, bajo la intuición de Maria, a enfrentar el reto de hallar dos nuevos elementos químicos en materiales de desecho de la industria del uranio: el radio y el polonio.

Pero antes de esto, y de consagrar su unión, Maria viajó a Polonia con la ilusión de obtener un puesto en la Universidad de Cracovia, pero vana ilusión: era mujer lo que era motivo más que suficiente para que se le negara su entrada, independientemente de su formación y talento. Por consiguiente, otra vez a Francia, su matrimonio con Pierre Curie y su nuevo apellido. De ahora en adelante se le conocería como Maria Curie nombre que resonaría y se escucha hoy aún con frecuencia por todo el mundo. Corría el año de 1895.

Pronto Marie, como se le llamaba en Francia, comenzó su doctorado bajo la dirección de un insigne físico del momento: Henry Becquerel, relacionado con las extrañas radiaciones que emite el uranio de forma intermitente, que para nada tenían que ver con el fenómeno conocido como fosforescencia. Becquerel había observado, de forma incidental, que cuando se dejaba unas sales de uranio cerca de una placa fotográfica, esta se ennegrecía, lo que solo podía indicar que una radiación de naturaleza desconocida era emitida por la sal, o para ser más exacto, por el uranio, como después indujo Marie que era el causante de este efecto. Los minerales de uranio se conocían desde alrededor de un siglo atrás, cuando su óxido fue descubierto por M. Klaprot en 1789. Está demás decir que su nombre le fue asignado en honor del planeta Urano.

Una vez descubierta la misteriosa radiación que emitían las sales de uranio, el interés se centraba en determinar su naturaleza y la intensidad de esta, trabajo que se le encomendó a Marie Curie como tesis doctoral, con el auxilio de su esposo Pierre.

Tan pronto comenzó su trabajo, Marie descubrió que la radiación en cuestión también ionizaba el aire, esto es, lo cargaba eléctricamente, y que esta provenía exclusivamente del uranio, con lo que ya quedaba en cuestionamiento la indivisibilidad del átomo por cuanto estas radiaciones emanaban de éste.

Los compuestos de uranio se obtenían de varios minerales, entre ellos la llamada *pechblenda* cuyas fuentes se encontraban en la hoy República Checa, en esos momentos bajo dominio austrohúngaro. Precisamente, al estudiar este mineral Marie encontró que emitía una radiación de intensidad varias veces superior que la atribuida al uranio, lo que la hizo intuir que en él debía encontrarse algún otro elemento causante de la misma, y ahí se inicio la loca carrera por aislar este elemento.

Todo parecía sencillo, pero de lo que no se dieron cuenta los esposos Curie es que dada la alta intensidad de radiación que emite el elemento por ellos supuesto, tendrían que someter a separación enormes cantidades de pechblenda, del orden de las toneladas, sin recursos, sin apoyo universitario, ella recién madre de su hija Irene (posterior figura relevante del estudio de la radiactividad y los elementos radiactivos), y sin un laboratorio apropiado. Sin embargo, donde hay voluntad no hay obstáculos que valgan máxime si lo emprende una mujer, y esa mujer era Maria Sklodowsca Curie.

De esta manera, anteponiéndose a las dificultades, Marie y Pierre Curie, con el pequeño apoyo de uno u otro conocido empresario del sector metalúrgico, alguna ayuda estatal, y un poco que se pudo encontrar aquí y allá, iniciaron su trabajo bajo las más mínimas condiciones y recursos de trabajo, y con un local inadecuado improvisado como laboratorio, se lanzaron a lo que parecía una loca aventura. Pero hacia 1898, contra toda predicción, ya habían podido concentrar muestras de dos elementos químicos nuevos con intensidad de radiación cientos de veces mayores que la del uranio. A veces lo imposible se hace posible y los aparentes milagros toman forma real, y este fue el caso.

Como no había tiempo que perder antes que otros se pudieran anticipar a divulgar sus descubrimientos, o algunos similares, decidieron informar de sus resultados: primero para un elemento, al que llamaron **polonio** en honor a la patria de Marie, bien necesitada de que se mencionase su existencia por estar en ese momento bajo dominio extranjero, y posteriormente el otro: el **radio**, cuyo nombre responde al mayor carácter radiactivo de éste, y donde por primera vez emplearon el término *radiactividad*. No conocemos a ciencia cierta por qué este último elemento no llevó el nombre de *francio*, tal vez porque ya existía un elemento relacionado con los orígenes del país: *galio*, o porque era necesario nombrar el elemento relacionándolo con sus propiedades. El metal alcalino nombrado *francio* fue descubierto en 1939 y es también radiactivo.

Sin embargo, el que se planteara la existencia de dos elementos nuevos solo por su emisión de radiación no era suficiente, así que después de un breve lapsus para reponer fuerzas, Marie y Pierre volvieron a la carga para tratar de aislar cantidades suficientes de ambos elementos y poder estudiar algunas de sus propiedades. Aquello constituyó una tarea sobrehumana de acuerdo con las técnicas de análisis y aislamiento químico de la época, máxime que el trabajo se realizaba sin ningún medio de protección, con equipamiento y reactivos deficitario, escasos de medios de calefacción en el frío invierno parisino, y sobre todo, expuestos a una radiación que aún no conocían y que ya había ocasionado algunas llagas y quemaduras a Marie: *la radiactividad*.

En esta ocasión, atendiendo a las dificultades para trabajar la pechblenda, emplearon minerales de bismuto con el que debía estar asociado el polonio, y de bario para el radio, por ser un elemento del mismo grupo del sistema periódico, como después se pudo comprobar. Con el primero de estos minerales la cuestión marchó de mejor forma, pero no así con el segundo, en que las propiedades químicas del radio y el bario eran tan parecidas que dificultaban considerablemente su separación. Por esta razón de nuevo se vieron obligados a trabajar con la pechblenda y en elevada cantidad, más de una tonelada (imagínense la cantidad de mineral que tuvieron que emplear y el descomunal trabajo para hacerlo), obtuvieron solo 0,1 g de cloruro de radio, pero este fue suficiente para poder determinar su peso atómico y otras propiedades que lo caracterizaban. De manera, que en 1902 pudieron comprobar con total exactitud, la existencia del radio, el raro, escurridizo, y ahora diremos: peligroso metal.

Solo habían bastado 11 años a la joven Maria Sklodowsca desde que llegó a París para rendir a la ciudad y demostrar al mundo lo que es capaz de lograr *la voluntad de una mujer*.

Se dice que los Curie no quisieron obtener remuneración alguna por patentar el descubrimiento de estos elementos, aunque publicaron decenas de trabajos informando de los resultados de sus investigaciones, sin distinción de uso, para todas las personas, independientemente de la nación o lugar del mundo vivieran.

Sin querer establecer diferenciaciones y aunque las figuras más destacadas de la ciencia francesa, claro hombres, achacaban el papel relevante de estos descubrimientos a Pierre, lo cierto es que la iniciativa y la voluntad para llevarlos a delante corresponden a Marie Curie, como con el tiempo se fue comprendiendo. De todas formas, el que la autoría este asignada a los dos, y el que desarrollasen un trabajo en tan estrecha cooperación, son muestras de que más que distinguir sexos, lo importante fue la colaboración entre ambos, sin ningún tipo de distinción o preferencia,

A partir del descubrimiento del radio y el polonio, la Academia de Ciencias de Francia - puede que desde algún tiempo antes – comenzó a apoyar financieramente las investigaciones de los Curie, también obtuvieron premios altamente remunerativos, y la pesadilla de la falta de medios y recursos para realizar sus investigaciones pasó momentáneamente al olvido.

Al fin, en 1903 Marie Curie defendió su tesis doctoral con una brillante calificación, también desde 1900 se había convertido en la primera mujer en ser nombrada profesora y catedrática en la Escuela Superior de París, sin embargo, aún no había terminado la discriminación hacia ella por ser mujer, como veremos a continuación.

En 1903 los Curie fueron invitados por la Real Institución Científica de Inglaterra, para tratar el tema de la radiactividad, pero vaya injusticia y desfachatez, solo se permitió a Pierre que lo expusiera por cuanto a Marie se lo vetaron por su condición de mujer. Sin embargo su disertación se reimprimió más de quince veces por diferentes medios científicos de la época y al año siguiente el químico inglés William Crookes, famoso descubridor de los rayos Crookes en los *tubos de descarga*, trató de enmendar la injusticia y los publicó en las revistas *Chemical News* y *Annales de physique et chimie*, indistintamente.

El Premio Nóbel de física de 1903 se otorgó a Marie y Pierre Curie, conjuntamente con Henry Becquerel por sus estudios y trabajos sobre la radiación, por cierto bien merecido. Con ello Marie Curie se convirtió en la primera mujer en la historia en recibir este honroso premio, aunque al parecer también hubo algo de reticencia en otorgárselo a ella, claro, de nuevo por ser mujer.

Pasado todo esto y superado solo a medias el rechazo a la labor de la mujer en la ciencia, las autoridades francesas trataron de gratificar a los esposos Curie asignándoles un laboratorio adecuado y con nombramientos académicos a Pierre, pero no a Marie, porque aún le quedaban otras barreras que vencer, en este caso el ser polaca, aunque todo su trabajo científico lo había realizado en Francia.

Desdichadamente para la pareja, en abril de 1906, Pierre fue atropellado por un carruaje de caballos, sufrió un golpe mortal y falleció, con lo cual se creó para Marie un fuerte vacío, tanto en el plano sentimental como en el profesional, pues aunque ella era la inspiración de aquel dúo, su marido jugaba un papel extraordinario, al servir de apoyo y sostén, y a veces representarlos cuando las reticencias en cuanto al sexo de Marie y su origen lo requerían, que al parecer no eran pocas.

De más está decir que Marie tardó mucho en recuperarse de aquel duro golpe, hasta que al fin, con el apoyo de familiares y amigos, logró incorporarse y retomar las riendas del trabajo. Fue nombrada entonces, sin reticencias, al frente de la cátedra que dejaba Pierre vacía en la Universidad de París.

Al final, luego de muchos esfuerzos y con el apoyo del microbiólogo Emile Leroux, se creó el laboratorio para el estudio de la radiactividad por el que ella y Pierre habían luchado tan insistentemente y durante tantos años, mientras que en 1910, al final se pudo aislar el radio de forma pura. A la par, la Academia de Ciencias de París no la nombró miembro de esta aunque ya lo era de otras como las de: Suecia, San Petersburgo, etc., motivo: ser mujer, extranjera y atea. Aquella censurable decisión de la Academia de Ciencias Francesas creó un revuelo sin precedentes y la prensa progresista de la época la tildó de *misoginia* La postulación de Maríe fue rechazada por votación dividida. Demoraría medio siglo en que por primera vez una mujer ocupara un puesto en esta institución y paradójicamente fue una investigadora del *Instituto Curie*, fundado por la propia Marie. Sin embargo, la medida de la intensidad de las radiaciones fue designada por la unidad de medida *Curie*, tipo de reconocimiento que pocos pueden ostentar.

En 1911, esta vez los suecos haciendo justicia histórica, otorgaron a Marie Curie el Premio Nóbel de química en solitario, y con el siguiente argumento: *"...por sus servicios en el avance de la química, por el descubrimiento de los elementos radio y polonio, el aislamiento del radio y el estudio de la naturaleza y compuestos de este elemento".*

De esta forma Marie Curie se convirtió en la primera persona en ganar o compartir dos Premios Nóbel, y como se aprecia no se hace referencia a la colaboración de su esposo en estos logros. Aunque la sociedad francesa prácticamente no dio importancia al asunto, pese a la alta reputación que esto daba a Francia, se vio presionada a terminar el laboratorio de investigaciones del radio que estuvo listo en 1914. El prestigio y la autoridad de Marie Curie sobrepasaba todas las fronteras y varios países solicitaban sus servicios, incluyendo su Polonia natal.

En realidad, conjuntamente con el radio obtenido por los esposos Curie venía un elemento más como gas acompañante: el radón, que se forma por desintegración del metal en cuestión. Es probable que las cantidades fueran muy pequeñas y por eso no se percataron, pero de hecho, estaba también presente junto al metal radiactivo. Por lo que realmente descubrieron tres elementos radiactivos: polonio, radio y radón, pero en ello, al parecer no se ha centrado la atención científica, o no parece ser relevante. El descubrimiento del radón se el atribuye el físico alemán Friedrich Dorn, en 1900.

La salud de Marie agotada por los esfuerzos de tantos años de intenso trabajo, y por los dañinos efectos de la radiactividad a la que se había visto expuesta durante ese tiempo, habían minado su salud, aunque luego de un receso temporal prosiguió su actividad.

Con la llegada de la guerra, en 1914, y el peligro que se cernía sobre París, las autoridades francesas se percataron de la importancia del laboratorio del radio al que consideraron entonces patrimonio del país, por lo que realizaron su evacuación temporal a Burdeos. Marie se mantenía como guardián del mismo cuidándolo celosamente.

En medio de la guerra se intensificaron sus sentimientos patrióticos, esta vez por Francia, y preparó decenas de unidades móviles con equipos de rayos X para el frente así como una cantidad mucho mayor para hospitales. Su labor fue febril en ese dramático tiempo y pudiera decirse que ninguna otra mujer hizo por Francia en los momentos de la guerra más que Maria Curie. Todo aquello lo recogió en un libro titulado *"La radiología et la guerreé"* que se publicó en 1919. Su posición altruista alcanzo tal nivel que intentó donar hasta las medallas de oro del Premio Nóbel para apoyar los esfuerzos de guerra del pueblo francés a lo cual, por suerte, se negó el banco francés.

Una vez terminada la guerra, Francia en bancarrota, el laboratorio para el estudio del radio diezmado durante la contienda, y sin el valioso metal para tratar los enfermos de cáncer, Marie viajó en busca de recursos, sobre todo a Estados Unidos: un par de veces, y en ambas fue recibida por los presidentes de este país: Warren Harding en 1921 y Herberg Hoover en 1929, con ayuda financiera para comprar radio para los hospitales franceses. El país galo nunca tuvo mejor embajadora que Maria Curie durante esos años, en que dio, además, conferencias en diferentes países: Brasil, Bélgica y España, entre otros.

La trascendencia del reconocimiento a la actividad científica de Marie Curio se pudo constatar durante el Congreso Solvay de 1927, el más trascendental de todos, organizado por esa institución y en que fueron invitados a participar las figuras más relevantes de las ciencias de todo el mundo para dilucidar los problemas más acuciantes relacionados con el estudio del átomo y su estructura. En dicha conferencia participaron científicos de la talla de Albert Einstein, Max Planck, Erwin Schrödinger, Werner Heisemberg, Niels Bohr, Wolfgang Pauli, Paul Dirac, Louis de Broglie, Arthur Compton, Hendrik Lorenz, y otros muchos más, y por supuesto, una única mujer: **_Marie Curie_**, que aparece en la famosa foto de familia del grupo, ubicada en la primera fila, hacia el centro izquierdo, con la mirada perdida como en el vacío, el pelo cano y su rostro serio, pero impregnado de nobleza. ¡Una sola mujer entre tantos hombres¡

Foto de familia. Congreso Solvay de 1927, el más importante de la historia

Marie Curie continuó en activo durante el resto de su vida, fue miembro del Comité de Pesos y Medidas de la Unión Internacional de Química Pura y Aplicada, y en contra del puesto negado por la Academia de Ciencias Francesas; otra prestigiosa institución: la Academia Nacional de Medicina de Francia la integró como uno de sus miembros. ¡Algo de luz entre tanta penumbra!

Las radiaciones emitidas por los isótopos del radio, integradas principalmente por partículas alfa (He^{2+}) doblemente cargadas, si bien eliminan las células malignas sobre las que inciden, ejercen un efecto contrario sobre la piel y el resto del cuerpo humano, esta vez negativo, ocasionado graves daños sobre las células sanas. Maria Curie estuvo expuesta durante más de 30 años a estas peligrosas radiaciones, por lo que prácticamente resulta un milagro el que haya podido seguir con vida hasta sobrepasar los 66 años de edad.

En 1934 su cuerpo no resistió más y falleció el 4 de julio de este año en Passy, Francia, su segunda patria. Se considera que la principal causa de su muerte fue una anemia aplasia relacionada con los peligros de su actividad profesional. Peligros con los que estuvieron relacionados todos los que trabajaron con el benigno, pero a la vez severo y cruel metal: el *radio*, que la glorificó, pero también contribuyó a su muerte. Su esposo Pierre, sus hijas Iréne y Éve Denise, y los investigadores que ensayaron con él, también estuvieron expuestos durante algún tiempo a esas peligrosas radiaciones.

La radiactividad también ha estado muy relacionada con las armas atómicas, pues constituye un peligroso ente que acompaña a las explosiones nucleares con uranio, o plutonio. Pero ni el radio, ni el polonio, y por supuesto su principal descubridora Maria Curie y sus colaboradores tuvieron que ver nada con proyectos bélicos, al contrario, sus esfuerzos estuvieron dedicados a tratar de sanar las enfermedades malignas, y por suerte, hasta ahora, nadie ha establecido algún tipo de relación con ellos.

Una vez conocido los efectos nocivos de las radiactividad, en todos los países se han tomado medidas para aislar sus efectos y que no puedan actuar sobre las personas sanas, también los rayos X por su alto poder penetrante, pero ambos tienen una importante función en medicina y en diferentes sectores de la esfera industrial y agrícola, aunque ahora es más frecuente ver, por razones económicas y de diferente tipo, el uso del cobalto-60 un isótopo radiactivo de este metal.

Los objetos personales de Marie Curie relacionados con su trabajo en la década de 1890, altamente contaminados, han sido celosamente conservados, aislados y protegidos con plomo, para evitar la contaminación, por lo que pocos tienen acceso a ellos y cuando lo hacen es con vestimenta de protección.

Los restos de Maria Curie fueron enterrados en el cementerio de Sceaux junto a los de su esposo Pierre, como para que permanezcan unidos en la eternidad. Muchos años después, en 1995, fueron trasladados, también juntos, para el Panteón de París, reservado a personajes ilustres de la historia francesa como Voltaire, Hugo, Sola, Monet entre otros más de una larga lista de figuras relevantes.

Es así, que nadie en París se percató en el otoño-invierno de 1891, que la bajada en la estación de trenes de una joven procedente de un país del este, con cara seria, pelo recogido y mirada curiosa y penetrante, constituiría el mayor y más preciado regalo que recibiera la República Francesa en toda su historia: su nombre era Maria Sklodowsca, llegaba de Polonia y más tarde sería reconocida en todo el mundo como Maria Curie: la más patriota de todas las polacas y la más noble de todas las francesas, siempre acompañada de un corazón tierno y una voluntad de acero.

CAPÍTULO IV

Nube de estrellas

Cuando observamos el universo y sobre todo las estrellas, esos enormes cuerpos celestes que brillan con intensidad y cubren con su presencia el cielo nocturno, nos resultaría interesante pensar y preguntarnos ¿de qué elementos están compuestos, y cuál de ellos es el principal, de existir varios?

Por el tamaño descomunal de las estrellas, baste decir que el Sol, dista mucho de ser de las mayores y tiene un volumen en el que caben más de un millón de planetas como la Tierra, así como por su peso (más de trescientas mil veces el de nuestro planeta) debía estar compuesto por los elementos más pesados conocidos: plomo, mercurio, uranio, torio, etc. También, podría hacernos pensar en ello su enorme gravedad, la cual hace que alrededor del él giran muchos planetas, incluyendo el gigante Júpiter y que su influencia llegue a rincones distantes, mucho más allá de Plutón y del cinturón de Kuiper, incluso hasta la nube de Oort a unos cuatro mil quinientos millones de kilómetros del astro rey.

Sin embargo, cual alejados de la realidad estaríamos, en el Universo lo grande no quiere decir que esté formado por cosas grandes o pesadas, y este es el caso de las estrellas que están constituidas en mayor cuantía, y cuando decimos en mayor cuantía decimos que en muchos casos casi la totalidad, por el elemento más ligero y pequeño de todos: por el pequeñín, insignificante en peso y en tamaño, por el *hidrógeno*, cuya masa atómica es la menor de todas solamente una unidad si lo comparamos por ejemplo con el uranio y otros elementos pesados que superan en mucho las doscientas.

Pues sí, el pequeño y al parecer insignificante hidrógeno es el principal componente de las estrellas y también su combustible y fuente de energía. El Sol, por ejemplo, se halla compuesto por más de un noventa por ciento de hidrógeno y prácticamente está exento de metales pesados. Solo presenta una composición relativamente significativa de otro elemento también muy pequeño, un poco mayor a este: el helio que se forma a partir del hidrógeno mediante reacciones de fusión termonucleares.

Pero algo más, del hidrógeno también debe decirse que es el elemento más abundante de todo el Universo y que fue el primero en aparecer después del Big-Bang, esto es, el primero en formarse y a su vez el más abundante; ¡vaya record el del pequeñín!

De manera que los que prefieren lo grande sufrirán una gran decepción con el elemento más pequeño del sistema periódico, que es el que reina y constituye la mayor parte del Universo – mención aparte de la materia oscura - y que además, todos los demás elementos se han formado a partir de él.

Claro, no podemos decir ahora que si echamos en un recipiente un poco de hidrógeno sus átomos se unirán entre sí y se obtendrán elementos más pesados, esto es totalmente absurdo. Si unes hidrógeno con hidrógeno en condiciones normales solo obtendrás hidrógeno, porque para lo contrario necesitas las formidables condiciones que se dan en las estrellas, desde su nacimiento hasta su muerte, que es cuando más elementos pesados se han formado. Esos procesos requieren temperaturas y presiones inimaginables que en condiciones normales no se dan en la Tierra, ni en los demás planetas del Sistema Solar.

Así por ejemplo, en el núcleo del Sol se estima que la temperatura es superior a los quince millones de grados Celcios, y en su envoltura aún alcanza unos cinco mil quinientos, con una presión más de trescientos cuarenta mil millones de la normal de la Tierra. Y este es el Sol, que no es de las estrellas mayores.

Viendo todo lo que puede hacer el pequeñín hidrógeno, se puede preguntar ¿cómo se las arregla para formar esos enormes cuerpos?

Aquí ahora hay que caer en el campo de las hipótesis y las especulaciones, pues no se conoce aún a ningún arquitecto estelar para poder entrevistarlo. En esencia, como todos los objetos con peso, y por consiguiente con gravedad, las moléculas de hidrógeno se agrupan formando inmensas nubes estelares que en su movimiento pueden crear torbellinos, rotar, colapsar e irse comprimiendo paulatinamente, hasta concentrarse en cuerpos del tamaño de las estrellas, proceso que por el infinito número de ellas en el universo conocido (Entre 200 y 400 mil millones de estrellas solamente en la Vía Láctea), debe haberse realizado con extrema frecuencia a través de la historia del Universo y a partir del propio Big Bang.

Dada la inmensa abundancia de hidrógeno en el Universo, existen numerosas y extensas nubes de hidrógeno molecular (H_2) en diferentes regiones del espacio en proceso de formación de estrellas, de manera que al hablar del ***hidrógeno*** como elemento debe inferirse que es un pequeño gigante, pues siendo tan pequeño puede originar los cuerpos más grandes del Universo, ¡vaya paradoja!

CAPÍTULO V

El maravilloso líquido de los enlaces de hidrógeno

De todas las sustancias químicas, el agua es sin lugar a dudas la más importante para el ser humano y para el desarrollo de la vida en la Tierra, y puede que en cualquier otra parte del Universo, y todo debido a sus excepcionales propiedades, y tal vez alguna anomalía.

¿Pero qué es el agua y cuáles son sus propiedades?

Sin lugar a dudas parece una pregunta tonta, quizás demasiado tonta, sobre todo la primera parte, porque todos conocemos el agua, todos los días la vemos, la ingerimos, la empleamos para preparar los alimentos, nos aseamos con ella, y lo que es más importante, nuestro cuerpo está integrado por más del 70 % de este líquido, sin contar que más de las tres cuartas partes de la superficie terrestre está cubierta de agua.

En la escuela, desde la enseñanza elemental nos dicen que el agua está compuesta de oxígeno e hidrógeno (88,8 % de oxígeno y 11,2 % de hidrógeno), también que su fórmula molecular es H_2O, una de las más recordadas por las personas, al igual que la de la sal común NaCl, de manera que muchas veces al tener que escribir agua, que por cierto no es una palabra larga, muchos escriben H_2O.

Visto lo anterior, sabemos que en la composición de una molécula de agua participan dos átomos de hidrógeno y uno de oxígeno, de manera que la valencia del oxígeno es 2 y la del hidrógeno es 1. Yéndonos a sus enlaces vemos que este es covalente polar, por lo que las cargas no están distribuidas uniformemente en la molécula y los orbitales moleculares de los electrones se encuentran mucho más cerca del oxígeno que del hidrógeno, lo que se corresponde con sus electronegatividades (Oxígeno 3,5 e hidrógeno 2,5) y le confieren a la molécula un momento dipolar: 1,86 d, que no es pequeño por cierto, y a este se deben muchas de sus propiedades, un tanto particulares.

La asimetría de la molécula de agua y el que tenga zonas con desbalance de cargas eléctricas hace que en una porción de ella, la cercana a los átomos de hidrógeno, haya un diferencial de carga positiva motivado por la lejanía de sus electrones de valencia y cerca del oxígeno uno negativo, lo que da cierta movilidad a los pequeños átomos de hidrógeno, que deficitarios en electrones encuentran una forma de balancearlos acercándose a los átomos de oxigeno de las moléculas de agua contiguas para formar con los electrones libres de estos un tipo diferente de enlace, que recibe el nombre de ***enlace por puente de hidrógeno*** y hace que varias moléculas de agua, generalmente más de cuatro, se encuentren asociadas, por lo que el compuesto muestra propiedades como si le correspondiera una masa molecular mucho mayor.

De acuerdo con la masa molecular del agua (18 u), de no existir los puentes de hidrógeno esta debía encontrarse en estado gaseoso, como ocurre con el gas metano (CH_4) cuya temperatura de ebullición es de -162 °C, sin embargo, como todos conocen, la temperatura de ebullición del agua es de 100 °C, lo que es un valor muy alto y completamente anómalo, debido a lo que explicábamos sobre el momento dipolar del agua y los puentes de hidrógeno. El metano, de masa molecular 16 u, muy cercana a la del agua es un compuesto apolar debido a la simetría de su molécula.

Derivado del carácter dipolar del agua se encuentran otras propiedades como el calor específico, también muy elevado, y que es de 4,186 J/g °C, valor altamente importante y que permite a los océanos y a la Tierra conservar su energía, pues se necesita una cantidad apreciable de ésta para elevar la temperatura en 1 °C.

Las características dipolares del agua le permiten también adquirir un aparente titulo nobiliario que muchas otras sustancias desearían, el de *"disolvente universal"*, por cuanto es capaz de disolver numerosas sustancias, sobre todo las que muestran cierta polaridad, y dentro de ellas se encuentran los compuestos con enlaces iónicos, tales como la mayor parte de las sales, incluyendo el cloruro de sodio o sal común. También compuestos orgánicos polares como la sacarosa (azúcar).

En la molécula de agua se encuentra, por supuesto, el enlace O-H, igual que en muchos ácidos, que los hace muy reactivos con los metales activos, y aunque parezca que el agua no participa en reacciones de este tipo, esto es totalmente falso, solo que es necesario elevar algo la temperatura, esto es, emplear agua caliente, y una cosa es la reactividad del agua a temperatura ambiente (20-25 °C) y otra la del agua caliente, en que ésta se comporta como una sustancia muy reactiva, tan es así que es capaz de disolver metales como el magnesio y el aluminio, entre otros. Esto en la industria es también una cuestión a tener muy presente, sobre todo cuando las instalaciones son de hierro o acero, donde el agua caliente y su vapor se convierten en un azote para este elemento acelerando la corrosión.

Actualmente, y relacionado con lo anterior, se ha trabajado con el agua a temperaturas superiores a la de ebullición 100 °C y menores a su punto crítico 374 °C, sometida a presión para que se mantenga líquida, lo que hace convertir al agua en un poderoso reactivos capaz de oxidar a muchas sustancias orgánicas, también hidrolizar a los triacilglicéridos para separar los ácidos grasos libres sin necesidad de emplear álcalis u otras sustancias, lo que convierte a este último en un proceso totalmente limpio, sin residuos.

Este incremento de reactividad del agua con el calor se debe fundamentalmente a que incrementa su grado de ionización y por consiguiente la concentración de iones hidrónio $(H_3O)^+$ e hidróxido $(OH)^-$ presentes, que en al agua a temperatura ambiente es constante y su valor es 10^{-7} mol/L, pero que se eleva notablemente con la temperatura, esto es, el agua está mucho más ionizada a temperaturas más altas que a la normal.

Otro aspecto altamente importante en el agua es su *comportamiento anómalo* con el descenso de la temperatura, de manera que como se conoce, las sustancias desminuyen su volumen con el descenso de la temperatura, y por consiguiente aumentan su densidad, y en efecto esto ocurre con el agua cuando se va enfriando hasta los 4 °C, en que su densidad alcanza el valor máximo y archiconocido de 1 g/cm^3, pero a partir de ahí en vez de contraerse comienza a expandirse, de modo que a 0 °C su densidad es mucho menor, lo que posibilita que el sólido formado flote sobre ella como es común observar cuando se hecha hielo sobre el agua, o al tomar cualquier bebida enfriada con él.

El *comportamiento anómalo del agua* tiene una importancia significativa para la vida de las especies de animales y plantas acuáticas, pues permite que aunque la superficie del agua este helada, y por supuesto cubierta por una capa de hielo, más abajo se mantiene el agua a mayor temperatura, en estado líquido, donde los peces, por ejemplo, realizan una vida normal normal, pues de lo contrario en la helada no podrían sobrevivir atrapados por los hielos. Todo esto explica la amplia variedad de vida marítima en las cercanías de los polos donde las temperaturas son muy bajas.

El agua en estado sólido en la superficie forma una barrera de baja conductividad térmica que evita que las bajas temperaturas lleguen al agua líquida sumergida, y esta se mantiene en este estado, adecuado para el habitat marítimo.

Hermosas formaciones geométricas del hielo

Como acabamos de expresar, el agua en estado puro es un mal conductor del calor, también de electricidad, pero ojo con lo de esta última, porque el agua potable contiene suficientes cantidades de sales disueltas en forma iónica, capaces de conducir la corriente eléctrica, lo que nos puede causar algún disgusto y puede que algo más, si tocamos con cualquier parte del cuerpo superficies húmedas que están en contacto con conductores eléctricos.

El agua, por otra parte, presenta una propiedad "*sui géneris*" que a veces se pasa por alto cuando se analiza esta interesante sustancia, y es en lo referente a su capacidad de retener y almacenar el hidrógeno sobre la Tierra. Pese a que el hidrógeno es el elemento más abundante en la naturaleza este no lo es en los cuerpos rocosos ausentes de agua u otros compuestos químicos a los que este unido como hidrocarburos (metano, etano, etc.) o amoníaco (NH_3). Pero preferentemente en nuestro mundo es su unión básica con el oxígeno en el agua.

¿Pero qué tiene que ver el agua para que el hidrógeno se almacene en la Tierra? La razón es muy sencilla, esta en condiciones normales es un compuesto termodinámicamente estable, y podríamos incluir el término muy estable, por cuanto su energía de enlace media es de 458,9 kJ/mol, y se dice media porque para romper el primer enlace O-H se necesita una energía de 493,4 kJ/mol, y el siguiente 424 kJ/mol, cuyos valores positivos indican que es un proceso endotérmico, esto es, que hay que suministrar energía para llevarlo a cabo.

Y no es que los enlaces O-H en el agua no se puedan romper, de hecho esto se realiza en determinados procesos, por ejemplo en la electrólisis en que se separaran ambos elementos que pasan libres a la forma gaseosa, o en la reacción de un ácido oxigenado con un metal activo como el zinc, el magnesio, el aluminio, etc., pero en el primero de los procesos este se ejecuta cuando se va a emplear el hidrógeno con otros fines y el segundo generalmente como experimento de clase, y a muy pequeña escala.

El problema radica en que el hidrógeno molecular tiene una velocidad de difusión tan alta que en determinadas condiciones - que se dan muy bien en las altas capas de la atmósfera - supera la llamada *1ra. Velocidad cósmica*, que es la necesaria para que los cuerpos puedan vencer la fuerza de gravedad y abandonar la Tierra, y una vez que la velocidad de las moléculas de hidrógeno supera esta constante, fácilmente abandona nuestro planeta y se interna en el espacio, para tal vez algún día unirse a otras moléculas, formar una espesa y densa nube, comenzar a moverse de manera circular y colapsar en una estrella, claro está, si en su camino no encuentra otros cuerpos celestes que lo atrapen con su gravedad.

La velocidad de difusión tan alta del hidrógeno se explica por la ley de Graham, la cual establece que *la velocidad de difusión de un gas es inversamente proporcional a la raíz cuadrada de su masa molar*, de lo que se infiere que los gases más ligeros poseerán las mayores velocidades de difusión, máxime si la relación inversa es exponencial. Así, entre gases como el H_2 (masa molecular (M)=2), O_2 (M=32) y CO_2 (M= 44), de entre todos ellos el hidrógeno será el que alcance mayor velocidad, varias veces superior que la de los demás gases aquí ejemplificados.

En condiciones normales la velocidad de difusión del hidrógeno a 25 ºC es de 1 768 m/s, esto es: 6 364,8 km/h, si valoramos este dato con la *primera velocidad cósmica*, esto es: 28 510,52 km/h, consideraríamos que el hidrógeno, pese a su alta velocidad de difusión no podría escapar de la Tierra, pero esto no es así, por cuanto estas velocidades están relacionadas con la temperatura de acuerdo con la *ley de distribución de Bolztmann* (Campana de Bolzmann) que se refiere a los promedios de velocidad de acuerdo con la temperatura, por cuanto de la misma manera que hay moléculas de hidrógeno con velocidades más bajas, las hay con velocidades mucho mayores que pueden superar esta barrera. Por consiguiente, la Tierra constantemente está perdiendo hidrógeno y también otros gases en menor cuantía, que se escapan al espacio, máxime que a mayores distancias de la superficie terrestre la fuerza de gravedad desciende exponencialmente, de acuerdo con la conocida como *ley de la gravitación universal* de Newton.

Otro aspecto a tener en cuenta es que en la atmósfera superior los rayos ultravioletas calientan los gases y estos aumentan su velocidad, facilitándose su escape al espacio. La Tierra por tanto se encuentra constantemente perdiendo hidrógeno de su atmósfera, y lo perdería aún más si este no estuviese unido fuertemente al oxígeno formando agua que de esta forma lo retiene en la superficie y evita que se escape. No obstante a esto, se calcula que de la Tierra se escapa una media de 3 kg de hidrógeno por segundo, así como también, en menor medida el gas siguiente en velocidad de difusión: el He, esto es, solo 50 g de este por segundo. Sin embargo, no es de tomar esto en sentido fatalista pues para un futuro inmediato hay suficiente cantidad de hidrógeno sobre la Tierra en forma de agua para garantizar la vida en cientos de millones de años, salvo que el Sol se sobrecaliente demasiado, pero esto es otra historia, todo no puede ser tan apocalíptico.

El agua juega otro rol, también de singular importancia, y este es el de moldear y suavizar el relieve de la Tierra atendiendo a los procesos de erosión que ocasiona cuando cae en forma de lluvia, o se desplaza suave o violentamente de las zonas más altas a las más bajas, como por ejemplo, esto se pone de manifiesto en el Gran Cañón del Colorado en Estados Unidos, donde el río que corre, del mismo nombre, ha abierto una enorme grieta de más de 1 500 m de profundidad en un proceso de erosión constante a través de su largo período de su existencia, cifrado en más de 60 millones de años. También el hielo de los glaciares en su desplazamiento en determinados estadios de la historia (glaciaciones) desarrolla una acción semejante.

Además de todo lo anterior, el agua juega un papel muy importante en el clima, manteniendo temperaturas y brisas agradables en diversas partes del planeta, así como que constituye un factor de control de las condiciones climáticas del planeta a través del hielo almacenado en los polos; el que este llegase a derretirse redundaría en un fenómeno altamente dañino, por cuanto se elevaría considerablemente el nivel del mar y algunas zonas bajas de los litorales del planeta podrían quedar sumergidas.

La acumulación de agua en forma de hielo en los dos polos: Norte y Sur, es muy diferente. En la Antártida se concentra más del 90% del hielo del mundo, por lo que es el indicador más importante a tener en cuenta, de manera que si todo el hielo que hay en el Ártico se derritiera, el nivel del mar subiría una altura de 7 metros, pero de hacerlo el hielo de la antártica este podría llegar a los 60 m, lo que constituiría toda una catástrofe. Esto es la mala noticia, junto a que en el último siglo la temperatura media del planeta subió 1,5 ºC; la buena es que la temperatura media del hielo en la Antártida es de -37 ºC, por lo que aún quedan esperanzas de que no se llegue a estos niveles, salvo que el hombre continúe con su descabellada y desproporcionada producción industrial acompañada de la correspondiente contaminación ambiental, motivado por el sobre consumo excesivo de productos, muchas veces innecesarios, y también de la energía almacenada en los combustibles fósiles como el carbón y el petróleo, que engendran considerables cantidades de dióxido de carbono (CO_2) y otros gases de efecto invernadero causantes del incremento de temperatura sobre la Tierra.

El agua como sustancia, determina la existencia de la vida en la Tierra, y por supuesto condiciona el metabolismo de todos los seres vivos, incluyendo el de los humanos. Las búsquedas de vida en otras partes del universo siempre parten de la posibilidad de existencia de agua líquida como parámetro indispensable para la existencia de materia altamente organizada, y si nosotros la tenemos en la Tierra y en abundante cantidad, justo es que la conservemos, la protejamos, y tratemos de que se mantenga en su estado natural, como principio básico de la existencia del ser humano sobre este maravilloso planeta.

CAPÍTULO VI

Tres padres para un mismo elemento

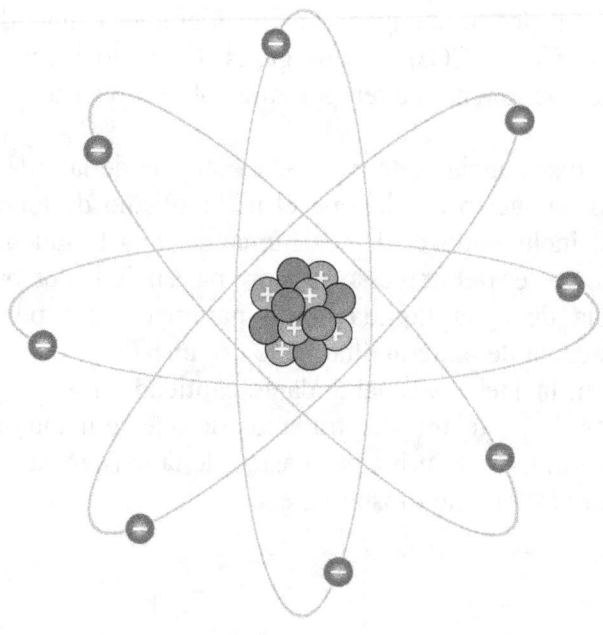

Átomo de oxígeno

En la historia de la química, como la de otras ciencias, se han presentado numerosos casos en que hay discrepancias en quien fue el verdadero descubridor de una sustancia, de un fenómeno, o autor de una ley o teoría determinada. Sin ir más lejos, todavía se muestran discrepancias en si quien postuló primero la *Ley de conservación de la masa* en las reacciones químicas fue el científico ruso Mijail Lomonosov o su homólogo francés Antoine Lavoissier, precisamente este último también está involucrado en el asunto que nos concierne, pero esto lo veremos más adelante.

Otro hecho interesante fue en lo relacionado con la clasificación periódica de los elementos, en que prácticamente coincidieron en fecha el químico alemán Lothar Meyer empleando medidas físicas y su homólogo ruso Dimitri Mendeleiev. Sin embargo, las pruebas abrumadoras, que presentó el segundo, así como sus predicciones sobre nuevos elementos aún por descubrir, dieron el hecho por zanjado a favor de este.

A veces sucede como injusticia histórica, que un científico determinado muere antes que se le de el justo reconocimiento sobre la autoría por un descubrimiento, como al parecer ocurrió con Nicola Tesla en el campo del electromagnetismo. Según un tribunal norteamericano reunido pocos meses después de su muerte, este fue el verdadero autor de *la radio* y sus principios, mucho antes que Guglielmo Marconi, y sin embargo fue este último quien recogió honores, mientras el primero moría en completa soledad y pobreza en un apartamento de Nueva York.

Nicola Tesla puede ser considerado uno de los genios más grandes conocidos y obtuvo pocos premios y reconocimientos, por supuesto incluido la no gratificación con el Nóbel. Sin sus trabajos no contáramos hoy con el empleo masivo de la electricidad mediante la corriente alterna, ni los motores eléctricos, ni la comunicación inalámbrica, esto es, ¡casi nada! Tesla falleció en enero de 1943, y como expresábamos, en ese mismo año un tribunal de apelaciones en Estados Unidos reconoció la autoría de este sobre el invento de la radio, aunque aún hoy hay controversias en este sentido, por cuanto ese momento Italia se encontraba en guerra contra el país norteamericano y cualquier cosa que pudiese ser condenatoria para los italianos sería muy bienvenida en el país americano, pero todo esto son conjeturas y cuando los tribunales sancionan algo, nuestro deber es que acatarlos.

Pero centrémonos en el caso que nos interesa y que está relacionado con el descubrimiento de uno de los elementos químicos más importantes del sistema periódico, nada más y nada menos que con el **oxígeno** (*engendrador de ácidos*), cuyo nombre fue asignado por Lavoissier, uno de los científicos en disputa, pese a que este debió corresponderle *engendrador de vidas* pues hay ácidos muy importantes como el HCl que no tienen nada de oxígeno en su composición y en realidad quienes engendran los llamados oxácidos son los óxidos no metálicos como el dióxido de azufre (SO_2), para solo poner un ejemplo. Como se conoce la vida en nuestro planeta está basada en este elemento, que es el que respiramos constantemente y el más abundante, entre todos los demás.

Pero vamos al hecho, tres personajes son los relacionados con el descubrimiento, más bien aislamiento, u obtención de oxígeno, estos son, además del citado Antoine Lavoissier: Carl Scheele, y Joseph Priestley, cualquiera de los cuales con suficientes méritos, prestigio y trayectoria científica para obtener la paternidad por sus resultados en la obtención del citado elemento, pero donde al parecer el orden histórico del descubrimiento fue Scheele-Priestley-Lavoissier, pero no obstante, como la "*estrella mediática*" era el tercero, este de inicio fue quien se llevó *el pato al agua*, aunque hay quienes dudan aún si esto lo hizo consciente o inconcientemente.

Comencemos por el primero en orden: el químico sueco Carl Whilelm Scheele; este nació en 1742 y murió de forma relativamente temprana, como era común en los químicos de la época, en 1786, el motivo era que trabajaban sin emplear los más mínimos medios de protección, a veces en locales cerrados y faltos de ventilación, y con compuestos muchas veces tóxicos; y este fue el caso de Scheele, por lo que algunos consideran que murió por intoxicación, porque entre los elementos que trabajó se encuentra el cloro a quien se le atribuye su descubrimiento, también el ácido cianhídrico (cianuro de hidrógeno), el sulfuro de hidrógeno, el mercurio, etc. También se dice que tenía la costumbre de probar las sustancias, pero nos referimos no a las pruebas experimentales ordinarias, sino con la boca, pero así era la época, en que también los galenos probaban el orine de los pacientes, según se justifica, para conocer si contenía azúcar o no.

A Scheele se le atribuye, además, el descubrimiento del cloro, también identificó diferentes metales que años después fueron aislados, así como sintetizó otras muchas sustancias, que no mencionamos para no irnos del hilo de la historia. Lo cierto es que se considera que hacia **1772** - y subrayo la fecha para tenerla presente puso a calentar el óxido de mercurio (II), - HgO - del que hemos hablado, o hablaremos en otras historias y notó que se desprendía un gas, que no podía ser otro que el oxígeno, cual sino, al que llamó *aire de fuego* por su incidencia en la combustión. Estos resultados experimentales, y otros más, fueron incluidos en un libro que se tituló *"Tratado químico del aire y del fuego"* enviado a imprenta en 1775 pero no publicado hasta 1777. No piensen que esto es mucho tiempo, para que un escritor novel pueda publicar un libro pueden pasar años, muchos años, incluso que no llegue a publicarlo en toda su vida, o algunos esperan toda la vida para publicarlos, como Copérnico, pero este otro por otras buenas razones, y de bastante peso.

Al margen de lo anterior, Scheele envió los resultados del descubrimiento de su *aire de fuego* a Lavioissier, toda una autoridad en la época, que según se dice se negó a recibir o abrir la carta, no se si era por la vieja costumbre de que el que recibía la correspondencia era el que pagaba, o por otra razón, lo cierto es que una copia de la carta en cuestión apareció posteriormente a la muerte del químico sueco entre sus papeles, y tiene por fecha 1774.

En el mismo año **1774**, allende el canal de la mancha, un controvertido científico inglés llamado Joseph Priestley, repitió la misma reacción, al parecer ajeno a lo realizado por Scheele, pero en vez de someter el óxido de mercurio (II) a calentamiento directo de manera convencional, empleó un rayo de luz debidamente enfocado sobre él, que producía la temperatura suficiente para que el oxígeno y el mercurio se separaran con iguales resultados. El gas obtenido por Priestley fue llamado por este *"aire deflogistificado"*

Hay que tener en cuenta que en aquellos tiempos la naciente química estaba muy influencia por las *teorías del flogisto* que establecían que: *las sustancias que participan en una reacción de combustión contienen una sustancia que se llama flogisto que se desprende durante el proceso.*

Priestley realizó algunos experimentos más y observó que la llama ardía de forma más vivaz en este gas que con el aire y que los ratones aumentaban de ritmo y actividad, pero según dicen fue un poco más allá, se sometió el mismo a exhalar este *aire* y esto fue lo que escribió: ..." *sentí mi pecho particularmente ligero y desahogado durante un rato después"*. No queda lugar a dudas que el gas hallado era el oxígeno.

El científico inglés publicó sus hallazgos al año siguiente, en 1775, bajo el título: "*Informe de más descubrimientos en el aire*", pues ya había realizado otros experimentos con el aire. Visto esto, él obtuvo el oxígeno dos años después que Scheele, pero los publicó dos años antes, lo que explica que la autoría del descubrimiento siempre ha estado más relacionada con él.

Pero aquí no acaba la historia, según se cuenta, el propio Priestley comunicó personalmente a Lavoissier sus descubrimientos en el mismo año 1774, cuestión de la que no contamos con suficientes pruebas.

Pasamos el turno ahora a Antoine Laurent Lavoissier, figura relevante de la química, casi se puede decir: el padre de la química moderna, por cuanto introdujo los métodos cuantitativos de medición en esta ciencia, y sabido es que cuando cualquier rama del conocimiento comienza a emplear las matemáticas es que es ciencia de verdad, aunque no es necesario que todas lo apliquen. De manera, que armado con una balanza, el francés sometió a estudio cuanta reacción pudo, acabó de una vez y por todas con la *teoría del flogisto* y dotó a la química de la forma y estilo propio que hoy conocemos. Sus trabajos fundamentales fueron publicados en un famoso libro cuyo titulo fue: "Tratado Elemental de Química" en 1789, en el preámbulo de la *Revolución Francesa*

Pero volvamos a la duda en litigio, de si Lavoissier conocía o no los resultados de los experimentos llevados a cabo por sus colegas. Lo cierto es que él experimentó con una reacción diferente, de combinación en vez de descomposición, en que calentó el estaño con aire y comprobó un aumento de peso susceptible de medir, posteriormente realizó experimentos similares para demostrar que el responsable del incremento de peso, que después se perdía por descomposición en igual cuantía, era un nuevo elemento con todos sus atributos al que llamó **oxígeno** por la combinación de dos palabras griegas relacionadas con el gas en cuestión, que vienen a ser algo así como *engendrador de ácidos*, término al que ya nos hemos referido.

Los experimentos de Lavoissier fueron más allá y demostró que el aire estaba formado por una parte que permitía la vida (oxígeno) y otra que no (nitrógeno), acercándose a la composición del aire reconocida en la actualidad en que estos son los principales gases que lo contienen. Sus trabajos sobre el tema fueron publicados en **1777** bajo el título: *Sobre la combustión en general*, según la traducción al castellano tal como se ha hecho con los ejemplos anteriores.

La extraordinaria personalidad de Lavoissier, su febril actividad en la capital de las ciencias y las artes en esa época, la racionalidad de sus teorías, y otros aspectos más, determinaron que durante años se le adjudicara el descubrimiento del oxígeno, y aún hoy al hablar de este elemento tenemos que asociarlo con él, independientemente de las evidencias que existen sobre la primacía de Scheele y Priestley al respecto.

De manera que hoy podemos expresar metafóricamente del oxígeno como del *elemento con tres padres* aunque fue el último el que lo bautizó con su nombre actual.

Sobre la personalidad y relevancia de cada uno de estos destacados científicos hay que decir que Carl Scheele fue una figura de una modesta personalidad, surgido del seno de una familia humilde y de un país sin una verdadera tradición científica hasta entonces, supo superar ambas, a la vez que dejaba un inestimable legado con sus descubrimientos, y el mérito histórico de poner a su nación en un lugar destacado de la ciencia, lo que posibilitó que surgieran posteriormente nuevas figuras que desarrollaran la propia química, y otras ciencias, hasta altos niveles del conocimiento.

En el caso del científico inglés Joseph Priestley (1733-1804), este constituyó una figura interesante y prolifera del conocimiento, primero fue clérigo, también político, filósofo y pedagogo, así como escritor de numerosas obras sobre temas disímiles. Algunos de sus otros aportes en el campo de la química han llegado hasta nuestros días, como es el caso del *agua gasificada* (carbonatada). No obstante, no pudo liberarse de las teorías del flogisto y mezcló a veces sus ideas religiosas con las científicas, combinación de la que generalmente no suele obtenerse lo que se espera, para no decir: nada bueno.

Priestley, no era hombre que ocultara sus ideas, pese a los problemas que esto le pudiera ocasionar, por lo que esta actitud le trajo no pocos problemas cuando sus opiniones chocaban con la política inglesa, sobre todo su simpatía por la Revolución Francesa, lo que lo llevó también a problemas con sus conciudadanos, y a que su casa en Birminghan fuese asaltada y quemada, por lo que con un sentido muy práctico y conservativo, puso océano de por medio y se asentó en Estados Unidos donde viviría diez años más, hasta 1804. Su original personalidad, fe y vehemencia en la defensa de sus ideas, así como sus logros científicos y talento indiscutible, lo hicieron una figura sobresaliente de la cultura inglesa del siglo XVIII.

Antoine Laurent Lavoissier (1743-1794) constituye una de las figuras más destacadas en el campo de la química a lo largo de la historia y el que supo darle su acabado carácter científico. De procedencia aristócrata, se nutrió del rico caldo de cultivo de la intelectualidad francesa de la época, contemporizando con sus principales representantes, también con el arte, y el mismo fue, al parecer un ente activo de este. Como expresábamos, es considerado desde entonces como el *padre de la química moderna*.

A diferencia de Scheele y Priestley, contó con los recursos suficientes para montar un laboratorio con el mejor equipamiento de la época, también con la ayuda y el apoyo de su culta esposa, lo que le permitió llevar adelante lo que para muchos es conocido como una revolución química, al derribar los lastres aún vigentes de la teoría del flogisto y de la pasada época de la alquimia.

Lavoissier combinó también sus estudios con otros en el campo de la biología, estudio experimentalmente el fenómeno de la respiración en animales y en el propio hombre, realizando mediciones precisas sobre el consumo de aire y la expulsión de dióxido de carbono. Se ocupó también de la fotosíntesis de las plantas, de la fermentación oxidativa, identificando además del alcohol y el dióxido de carbono, el ácido acético en la cuantía que realmente se obtenían, también como resultado del método cuantitativo y exacto de sus experimentos sentó las bases de la estequiometría y postuló el principio básico que sustenta la química: la *Ley de conservación de la masa* precursora de la *ley de conservación de la materia*, que lleva su nombre asociado con el del científico ruso Mijail Lomonosov (Ley de Lomonosov-Lavoissier).

Lavoissier participó activamente en el quehacer intelectual y científico de su época en Paris, la capital francesa, la bien llamada ciudad de las luces y fue también un destacado economista, aunque su labor relacionada con el sistema monetario y los impuestos fueron, sobre los que al parecer, se fundamentaron las falsas acusaciones que tristemente lo llevaron a la guillotina en mayo de 1794, en las postrimerías de la Revolución Francesa.

Consideramos por último reiterar, aunque está recogido en numerosos textos, la famosa frase del matemático y astrónomo Joseph Louis Lagrange un día después de su ejecución: *"Ha bastado un instante para cortarle la cabeza, pero Francia necesitará un siglo para que aparezca otra que se le pueda comparar"*

Por sus trascendentales logros en el campo de la ciencia, Antoine Laurent Lavoissier ocupa un puesto entre los 72 científicos más relevantes cuyos nombres aparecen inscritos en la torre Eiffel de París.

CAPÍTULO VII

Carbono o diamante

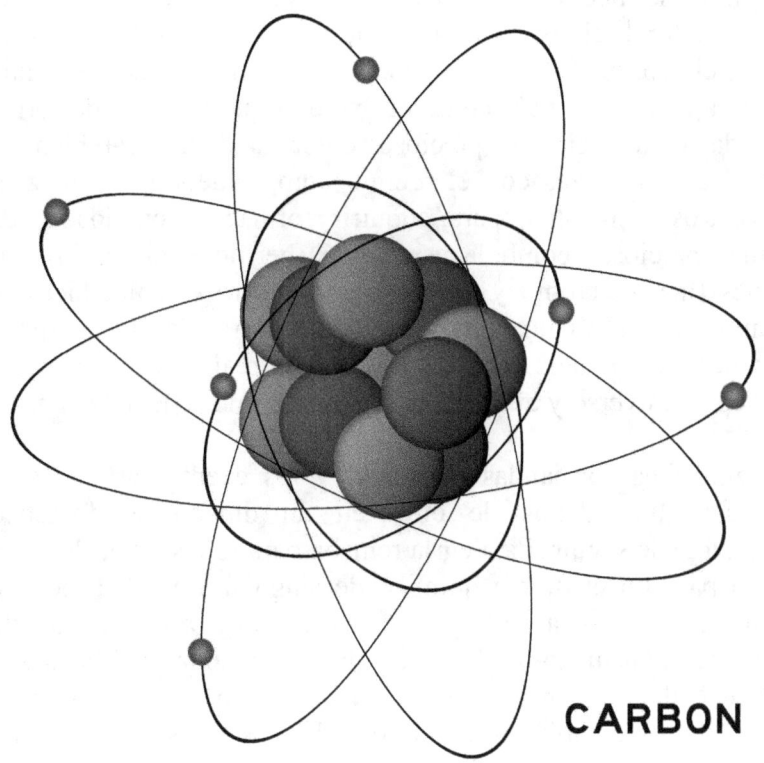

"...y todo como el diamante, antes que luz es carbón"

José Martí

Brillaban y se alzaban los estandartes en el reino de los elementos químicos, y cada uno se engalanaba para lucir lo mejor de si para la ceremonia de premiación del más hermoso y deslumbrante de todos. Llegaron de todos los lugares del Universo, los conocidos por el hombre y los aún no descubiertos, no hubo sistema galáctico que no enviara el suyo, pero en definitiva eran prácticamente los mismos, al menos estables, que conocía o había descubierto el ser humano en la Tierra.

Algunos no necesitaban engalanarse y se presentaban en su forma natural, claro después de sacarse algo de brillo, como la plata, el oro, el platino y el paladio, entre otros o en un estado físico ajeno al normal, como el oxígeno que lo hacía de forma líquida para lucir un precioso color azulado. También se establecían alianzas con el premio comprometido a compartir con otros elementos, para adquirir formas y tonalidades de gemas preciosas como la esmeralda (berilio y aluminio), los rubíes (hierro, cromo y aluminio), el zafiro (titanio, hierro y aluminio), o el ópalo como un silicato hidratado. Todo estaba permitido en aquella competencia que se realizaba por primera vez en el universo y que tenía a la Tierra como sede del evento.

Durante días las bandas musicales y los eventos artísticos se sucedían uno detrás de otro en un dinamismo frenético imposible de seguir. La alegría reinaba para todos y por doquier, salvo para un elemento químico de singular y tosca aspereza, negrura superior a la de la noche y que de solo tocarlo ennegrecía las manos de los que lo hacían, al extremo que el alto tribunal de la competición, con el objeto de no afear el espectáculo, le había informado que de presentarse en su estado natural no sería admitido en el evento, y que hiciera como habían echo muchos: establecer alianzas con otros elementos químicos para mejorar su *lux*.

Pero ¿quién iba a asociarse con un trozo negro, poroso y tiznante de carbón o carbono, como es su verdadero nombre, considerado el más feo y tosco de los elementos del sistema periódico?, y la justa verdad, él hizo todos los intentos posibles para lograrlo. Acudió primero al **silicio** con el que estaba emparamentado por estrechos lazos de naturaleza y periodicidad, quizás él podría ayudarlo, pero ni hablar, este tenía compromisos con numerosos otros elementos y formaba parte de las más hermosas piedras preciosas, además de ser el constituyente principal del ópalo y de tener en este momento una amplia utilización en el campo de los semiconductores. Por muchos lazos consanguíneos que hubiese, el silicio no iba a desacreditarse por ayudar a un hermano menor caído en desgracia.

¡Vaya ingratitud! pensó el carbono, él había ayudado en repetidas veces al silicio en sus momentos malos a salir del trance, y lo había guiado para que pudiese formar cadenas silicio-hidrogenas tales como los silanos, que le había dado cierto protagonismo en el mundo de los compuestos hidrogenados. Pero ahora este lo rechazaba, se portaba como un malagradecido y lo pagaba con el más absoluto desprecio, así pueden ser las cosas cuando atraviesas por un mal momento, y algo así le sucedía a aquel negro trozo de carbón.

El carbono pensó entonces en el **oxígeno**, este gas maravilloso que seguramente tendría necesidad de participar en el evento, y en su estado natural gaseoso no le sería factible, aunque ya este se las había ingeniado para hacerlo en forma líquida, pero además, contaba con un poderoso haz en la manga: la alianza con el hidrógeno para formar agua que en estado sólido dibujan hermosas figuras cristalinas, algunas que semejan flores.

No obstante a lo explicado, el oxígeno tenía buen corazón de ahí su importante papel como fuente de energía para los seres vivos mediante la respiración y como componente básico de cada estructura de la materia viva: animal o vegetal. Por tal motivo ensayaron dos alianzas básicas: la primera empleando el carbono con valencia dos para producir monóxido de carbono (CO), pero este resultó letal para la vida humana y la contaminación ambiental y en la competencia no eran permitidos concursantes así. La segunda, con la valencia cuatro, originó dióxido de carbono (CO_2) compuesto que tampoco dio resultados, no solo como forma gaseosa difícil de tener éxito en el concurso, sino también por el efecto invernadero que este podía producir en la Tierra con consecuencias fatales para la vida humana, como viene sucediendo desde hace años.

El carbono pensó entonces en su vecino más cercano: el **nitrógeno**, ambos tenían tamaños parecidos, solo se diferenciaban en un protón, un neutrón y un electrón, por consiguiente sus masas atómicas solo diferían en dos unidades - doce el carbono y catorce el nitrógeno. Parecía una unión factible de realizar, máxime si ambos se hallaban en la parte superior central de la tabla periódica y uno a continuación del otro en el mismo período. Para lograr esta alianza el carbono solo tenía que superar la notable indeferencia y egolatría de su vecino, que evitaba combinarse con los demás elementos anteponiendo como barrera una energía de enlace tan alta que hacía muy difícil de romper cada una de sus triples ligaduras. Pero el carbono no se amilanaba, sabía que si se elevaba lo suficiente la temperatura, o se buscaban reacciones intermedias, este formidable bastión termodinámico se podría vencer y en efecto lo logró con ayuda del hidrógeno, pero el compuesto básico final formado, los cianuros resultaron tan tóxicos y peligrosos (para no decir venenosos), además de ser poco elegantes, por lo que ni se pensó por un momento que fueran admitidos a concurso. Por lo que el carbono una vez más derrotado dio las gracias a su ególatra vecino y se despidió triste, pensativo, con la cabeza baja, pero no dispuesto a rendirse.

Nuestro patito feo se acordó entonces del **hidrógeno**, ese pequeñín que nadie quería dentro de su familia, pero que estaba por todas partes, incluso con el que formaba extensas cadenas en lo que daba en llamarse los hidrocarburos. Ambos elementos tenían en común sus electronegatividades muy parecidas y que necesitaban la misma cantidad de electrones que poseían para alcanzar el *sumus ultra de la estabilidad*, correspondiente a la estructura de gas noble, de hecho él lo había alojado algunas veces en su casa del grupo cuatro de la tabla periódica cuando sus hermanastros halógenos o alcalinos lo habían echado a cajas destempladas, por lo que acudió a él sin falta.

El hidrógeno, el pequeño ermitaño, por su parte era un elemento agradecido, que llevaba una vida errante, triste, melancólico, vagabundeando siempre por todo el Universo, pero dispuesto a acudir al auxilio de un amigo en desgracia; por lo que intentó numerosas combinaciones con el carbono, aunque todas destinadas al fracaso de acuerdo con las elevadas cualidades que exigía el evento. El primer compuesto que formaron: el metano (CH_4), el llamado gas de los pantanos que se forma por la descomposición de la materia orgánica fue ilustrativo de que todos los esfuerzos serían un fracaso. Su olor y aspecto desagradable, además de su historia natural como derivado de la materia en descomposición acompañada de malos olores y de aguas putrefactas desaconsejaron cualquier otro intento, aunque hay que destacar el buen sentido de solidaridad del hidrógeno, que a pesar de tener una fuerte alianza con el oxígeno para presentarse en el certamen como hielo en su mejor forma cristalina, supo acudir al auxilio de un amigo en desgracia.

Pocas opciones de alianzas le quedaban al carbono, pero se acordó de un elemento caracterizado por su bondad y nobleza: el **calcio,** con sus numerosos compuestos blancos que se empleaban para pintar paredes y fachadas y como material de construcción, sí, el calcio podría ayudarlo, tenían estrechas relaciones pues se parecían en que si bien este elemento alcalinotérreo solo utilizaba valencia dos en sus compuestos, el carbono también podría hacerlo, de hecho lo hacía a veces con el oxígeno, por lo que ante la aceptación de este metal, comenzaron las pruebas para obtener alianzas, pero si en las anteriores con otros elementos estas habían resultado en un rotundo frascazo, el compuesto obtenido esta vez se pudo ubicar entre los peores.

La sustancia obtenida por unión entre el carbono y el calcio resultó ser el carburo de calcio (Ca_2C), o *carburo*, como era comúnmente conocido; un compuesto que si bien mostraba determinadas aplicaciones prácticas como fuente de acetileno (C_2H_2) para antiguas lámparas de alumbrado doméstico, generador de este gas en soldadura y para acelerar la maduración de los frutos, mostraba un color gris opaco, pero sobre todo, un olor fuerte, desagradable y penetrante que lo hacía no apto para la competencia.

Desanimado ya de buscar más alianzas con otros elementos del sistema periódico, aunque él podía considerarse el rey de las alianzas, pues se contabilizaban más compuestos del carbono con otros elementos, sobre todo con el hidrógeno, el oxigeno, y el nitrógeno, que todos los que podrían formar todos los elementos químicos entre ellos, pero ninguno estaba en condiciones de presentarse en una competencia por la excelencia de la belleza y la distinción.

Pese a la conocida fortaleza de carácter y tenacidad del carbono, este no pudo más que derrumbarse sobre un banco de mármol del parque a llorar desconsolado, porque lo que más hubiese querido en su vida era ocupar un puesto de igualdad entre los demás de sus congéneres químicos, y no ser apartado y tildado de ser uno de los elementos químicos más sucios y feos, que tiznaba nada más tocarlo y que su superficie porosa y oscura era agresiva al tacto, y sobre todo que no poseía nada de brillo, ni de pulimentación. Los rayos de luz que caían sobre él eran dispersos en el interior de sus poros y no se reflejaban como en otros elementos, tales como los metales pulimentados.

La situación de aquel trozo de carbón era desesperante, incluso el banco del parque donde se encontraba sentado le insultó a cajas destempladas:

— Por favor, cuando vaya a marcharse, límpieme y no me deje tiznado, pues la vez anterior en que estuvo aquí sentado me dejó tan sucio que tuve que buscar agua con detergente para limpiarme, y trabajo me costó lograrlo.

Ante este duro y cruel requerimiento, el carbono hizo un ademán como para levantarse, pero se lo impidió la fuerte mano de un hombre alto y robusto, de larga barba, que paseaba por el parque con un libro de química en las manos y que sin querer había estado observando la escena.

— No, no te pares, cuéntame cuales son tus penas — le pidió el desconocido.

El carbono sobrecogido por la presencia del visitante se enjuagó las lágrimas y comenzó a contarle detalladamente los motivos de su sufrimiento, y el por qué se encontraba en tan lamentable estado de ánimo.

El desconocido escuchó con suma atención lo que le contaba el carbono sobre sus constantes y continuos fracasos en busca de un estado físico modesto, pero agradable a la vista y el tacto. Posteriormente el desconocido se sentó a su lado, lo miró fijamente, se pasó la mano por la barbilla en señal de reflexión, se mantuvo unos minutos callado y meditando, de manera que se creó un silencio como sepulcral, y después mirándole con ojos bondadosos le dijo:

— En la vida todo tiene solución, y para tu caso también la hay, lo que si tendrás que someterte a duras pruebas para alcanzar tus objetivos, solo el esfuerzo, la perseverancia y la tenacidad te harán vencer estas pruebas llenas de trabajo, y puede que de sufrimiento, para transformarte en el elemento más hermoso y brillante del universo. ¿Dime si estás dispuesto?

— Haré todo lo que sea necesario — respondió el carbono, esperando de aquel desconocido una solución mágica a los problemas que lo agobiaban.

— Pues bien — dijo el desconocido — bajarás hasta lugares muy profundos, cerca del centro de la Tierra, donde las temperaturas y las presiones son altísimas, allí te aplastarán y disminuirán notablemente tu tamaño, alcanzarás una nueva densidad, transformarás tu estructura hexagonal en una tetraédrica, de manera que tus enlaces cambiarán tanto en longitud como en fortaleza, y allí estarás el tiempo necesario hasta que sufras esas transformaciones, y luego subirás de nuevo, hacia la superficie. Serás otro, aunque el mismo, en esencia carbono bajaste y carbono serás, pero bajo otra forma completamente diferente a la que muestras hoy.

Luego el desconocido se puso de pie y echó a andar con pasos lentos, pero firmes, mientras abría de nuevo el libro que anteriormente leía, lleno de interesantes secretos, símbolos y fórmulas para muchos inenteligibles. Se fue alejando tranquilamente, bajo los álamos del parque, seguido por la mirada del carbono, incrédulo aún ante lo que le habían sugerido.

El amor propio del carbono, su fuerza de voluntad, valentía y tenacidad se pusieron a prueba en aquel largo y penoso viaje a los confines del centro de la Tierra. Mientras descendía, el calor se hacía cada vez más sofocante, abriéndose paso entre vapores de agua hirviente, luego gases sulfurados y ardiente lava, hasta alcanzar zonas bajo presiones tan altas que comprimirían a un ser humano hasta hacerlo prácticamente una galleta. Allí, entre altísimas presiones y temperaturas extremas, se mantuvo firme, aunque débil y exhausto, mientras sus enlaces se estrujaban, doblaban y partían; a la vez que otros se formaban hasta lograrse una metamorfosis que lo convirtió en algo totalmente diferente a lo que anteriormente era, al menos morfológica y estructuralmente, aunque manteniendo su esencia y naturaleza. Luego emergió de la tierra y se dirigió, aún sin saber como era su forma y apariencia, al lugar donde el jurado estaba próximo a finalizar el examen de los candidatos. Mientras se acercaba, observó las caras de sorpresa de los presentes, sin saber si eran de admiración o repulsa por observar lo más feo y repelente del mundo.

Cuando pronunciaron su nombre, por supuesto al final de la lista, avanzó con paso firme y elegante, pues a que prueba mayor podría someterse y a que otro rechazo y desdén podría verse sometido más de los que había sido objeto durante toda su vida. Y así se abrió paso hasta la tribuna, ante los rostros de asombro de los asistentes y del propio jurado, que no fue preciso que se sentara a deliberar, pues todos coincidieron que el elemento más hermoso del universo era el negro y tosco carbono convertido ahora en la gema más preciosa de todas: el

diamante, cuyo brillo resultaba tan intenso que cegaba las miradas y hacia que los asistentes bajaran la cabeza, también como forma de respeto, pues reflejaba en diferentes direcciones todos los rayos de luz que llegaban a su superficie finamente pulida, y su dureza era mayor que la de las demás sustancias, incluyendo la las piedras o gemas preciosas, pues procedía de una estructura cristalina única, natural y genuina, forjada en las profundidades de la Tierra, bajo las más terribles condiciones de temperatura y presión posibles en el llamado *planeta azul*

Diamante

Pocos días después, el **carbono**, ahora **diamante**, acudió de nuevo al parque, al mismo sitio donde había estado sentado tiempo atrás, pero ahora aquel banco con aire displicente lo invitó a sentarse, por cuanto nunca había tenido el honor de recibir a una gema de tal valor. El diamante sonrió y pensó para sus adentros: *"Pues sí que lo tuviste, pero me despreciaste y humillaste hasta los más crueles extremos, pero no tomaré venganza, ni me reiré de tu tosca superficie, aunque por supuesto, no me sentaré".*

— No se va a sentar el caballero — repitió la invitación el banco de mármol.

— No, solo quería saber quien es un señor de larga barba que se pasea con frecuencia por el parque con un libro bajo el brazo, y hace un tiempo consoló a un tosco, oscuro y opaco trozo de carbón que estuvo sentado sobre usted.

— ¡Ah si!, lo conozco, es el profesor **Dmitri Ivanovich Mendeleiv** famoso por ser el creador de la **tabla periódica de los elementos**. Espere, por ahí se acerca.

CAPÍTULO VIII

El milagro de la sublimación

El profesor sometió al calor unos cristales de una sustancia de color gris-violáceo y tapó el beaker (vaso de precipitados) con un vidrio reloj. Debajo del beaker se hallaba una rejilla metálica para impedir que el fuego del quemador bunsen pudiese quebrar el cristal, a pesar de ser de vidrio pirex; hasta ese momento todo era normal, muy parecido a cuando se hace lo mismo, pero con agua u otra sustancia, aunque generalmente no se tapaba con el vidrio reloj.

Todos estaban expectativos, incluso aquellos que no se sentían atraídos por la asignatura, no les gustaba ninguna, o no atendían y su cabeza estaba por otra parte, pero ese día en la clase había un silencio sepulcral, porque ni siquiera la llama del quemador emitía algún sonido perceptible.

Si la atención era máxima, no podemos decir que era por las cualidades docentes del maestro, de hecho las tenía y a más de uno había atrapado entre sus garras, esto es, en el interés por la química, pues mostraba una paciencia digna de un ciudadano inglés - claro fuera del parlamento, porque allí es otra cosa - aunque por el idioma que hablaba, y hablábamos todos allí, bien podía ser castellano, aragonés, vasco, o de Latinoamérica, incluyendo el caribe.

La paciencia del profesor era infinita, para él el turno de clases no terminaba cuando sonaba el timbre, sino cuando el delegado de grupo le recordaba una y otra vez que estábamos en receso, o que indolente ante estos reclamos hacía oídos sordos y no abandonaba su mesa hasta que consideraba que había logrado los objetivos que se había propuesto para la clase, o el profesor a quien correspondía el siguiente turno lo miraba desde la puerta, seria, fijamente, a la vez que variaba esa mirada también a su reloj, como para que el aludido se diera cuenta que todo tenía un límite, y que debía haber concluido su clase mucho antes.

Pero de todos ellos, los que más sufríamos éramos los alumnos, salvo, contados, los que mostraban especial atención, o vocación por la signatura. A veces, el relevante era un profesor accesible, o con el que habíamos adquirido cierta confianza, al que pedíamos casi suplicantes que al menos nos dejase ir al baño, coger un poco de aire, o comer la merienda. Pero todas las veces no era así.

Las autoridades de la escuela, incluyendo su recta directora, conocían del problema, pero salvo este motivo, el Profesor de Química era una figura ejemplar de las que no dice que no a nada, y por otra parte, mostraba talento y su cátedra había sido ganada en justa oposición y no por "enchufes", o malas prácticas de favoritismo políticas, económicas, o sociales, además ¿quién con esa calificación hubiese accedido a una escuela ubicada en los barrios periféricos de la ciudad, y que fuese capaz, a fuerza de paciencia, de mantener tranquilos a los inquietos jóvenes y adolescentes siempre inclinados a hacer alguna de las suyas.

Pero sin entrar a detallar las cualidades de los alumnos, tampoco las del profesor, lo cierto es que el experimento que realizaba ese día mantenía en vilo a todo el alumnado, todos miraban fijamente lo que ocurría, pero hasta el momento no había pasado nada.

La sustancia en cuestión, él dijo que se trataba del *yodo*, y que pertenecía al grupo XVII del sistema periódico y un sinnúmero más de propiedades que para nosotros resultaban casi lo mismo que con los demás elementos, puede que no sea la explicación a lo que ocurría; pero lo cierto era que él estaba calentando aquella sustancia con su estilo flemático e imperturbable, y hasta ahora no había ocurrido nada, lo que motivó, como siempre, que algunos habían perdido la paciencia y la motivación inicial y decían, claro en voz baja, que en definitiva era lo mismo que calentar cera o parafina, que se fundiría con el calor y cambiaría al estado líquido, incluso otro puso lo que podría ser llamado en un circulo estudiantil de un país caribeño: *"una podría"* esto es, un atentado a la seriedad de la clase, dado que él con su padre, aficionado a la caza, a veces había fundido plomo para hacer perdigones y el proceso en las condiciones en que lo hacían, incluso con calentamiento más drástico; demoraba mucho en que se fundiera el metal, y luego por supuesto, estarían las explicaciones pausadas, calmadas y reiterativas del docente, máxime si por alguna fuente se hubiese filtrado que el profesor del turno siguiente, el último, no podría asistir por alguna causa personal y que ante nuestro flemático docente se abría un universo de tiempo, que aunque de una hora, para aquellos inquietos estudiantes podía durar más de una eternidad.

La comida estaba servida para todo el descontento, hasta que al final los estudiantes más cercanos notaron los primeros cambios, vieron pequeñas columnas como de un humo violáceo que emanaba de los cristales calentados, entonces el profesor puso un poco de agua sobre el vidrio reloj para que fuese una zona fría en relación al calentamiento e invitó a los demás alumnos de las filas de asientos más alejados para que se acercaran, aunque algunos, los más impresionables temían que aquello pudiese terminar en una reacción explosiva, pero, y entonces sucedió lo inesperado, la nube de vapor llenó todo el espacio del recipiente y cada vez este se veía más inundado de un color violeta intenso.

Aquellos estudiantes observaron lo que ocurría con ojos asombrados, aún las nubes violetas no permitían ver lo que sucedía con los cristales de color gris-violáceo que se habían puesto a calentar, pero lo cierto es que no había rastro de líquido por ninguna parte, mientras se seguía elevando la nube violácea que alcanzaba ya la zona fría del vidrio reloj.

El de la "*podría*" de los perdigones se hallaba en una difícil situación, por suerte se recuperó y dijo:

— Esto no es como fundir plomo, es algo muy diferente.

Los que temían la explosión se sentían ahora más seguros, y el profesor mostraba una sonrisa entre triste y picaresca, como la de la *mona lisa*, se alejó un momento de la mesa, satisfecho, observó cada una de las caras de los estudiantes y vio que todos prestaban atención, luego se acercó, apagó el quemador bunsen y dijo a los estudiantes

— Observen ahora lo que ocurrió.

A los pocos minutos, cuando cesó la nube violeta, todos

observaron como en la parte cónica inferior del vidrio reloj asomaban como agujas del yodo calentado, mientras no había indicio de líquido por ninguna parte. Habían observado el fenómeno de la **sublimación** con el elemento por excelencia, el yodo (I) y ahora sabían que algunas las sustancias por calentamiento no solo pasaban a la fase líquida, sino directamente a la gaseosa, en un salto de fases sin precedentes pasando por alto la fase líquida.

Ya había terminado la clase, el timbre del receso sonaba intermitentemente, también el del comienzo de la otra clase, y próximo al final, como no habría relevo aquel día por la ausencia de un docente, el Profesor de Química acompañado de sus alumnos abandonó el aula mientras respondía atropelladamente cada una de las interesantes preguntas que le hacían sus alumnos.

Esa tarde, en su casa, en compañía de su esposa, le comunicó con la misma voz pausada y el tono lento de sus palabras:

— Hoy me he sentido el hombre más feliz del mundo, no aceptaré la plaza que obtuve en el instituto privado del que hablamos, tengo los mejores alumnos que jamás pude desear.

Por su parte, los vecinos del lugar se encontraban desconcertados y perplejos, porque ese día no sufrieron las sistemáticas tropelías de aquel grupo de pilluelos de un barrio desfavorecido por la fortuna ubicado en las afueras de la ciudad.

CAPÍTULO IX

Las alianzas del cobre

*"Héctor, hijo de Príamo, y el divino Ulises midieron el campo, y, echando dos suertes en un **casco de bronce**, lo meneaban para decidir quién sería el primero en arrojar **broncínea lanza**"*

Homero: La Ilíada. Canto 314

Las "alianzas" entre los metales se les pueden dar el nombre de aleaciones y existen numerosas de ellas. Estas vienen a ser como mezclas o disoluciones de dos o más metales y se realizan generalmente para mejorar las propiedades de un tipo de ellos, en particular. Algunos como el mercurio tienden mucho a formarlas, se les llaman amalgamas y tienen numerosas aplicaciones.

El cobre forma un variado grupo de aleaciones con otros metales como el estaño, el plomo y el zinc, que reciben el nombre de *bronces y latones*, específicamente. También con el oro, con lo que disminuye el costo de su empleo en joyería y mejora su dureza y otras cualidades físicas.

Es así que cuando la E*ra del Bronce* estuvo en su punto de declive no ocurrió exactamente que el cobre fuese derrotado completamente, saliese de la lid y el hierro ocupara completamente su lugar. Es justo señalar que el duro metal ferroso tiene también sus puntos débiles, sobre todo en lo referente a la corrosión, lo que lo llevaría posteriormente a tener que buscar también aliados, pero ese no es el caso al que nos referiremos ahora.

Desde la antigüedad el plomo y el estaño eran metales ampliamente conocidos y utilizados con determinados fines. El primero de ellos deriva su nombre del latín *plumbum* y el segundo de *stannun*. El plomo es el elemento con número atómico 82, es muy pesado, con masa atómica de 207,2 u, es extremadamente blando y muy elástico. Se han encontrado en Turquía vasijas de plomo datadas en 8 000 años de antigüedad, esto es, mucho antes de la construcción de las pirámides egipcias.

La baja temperatura de fusión del plomo unido a su relativamente alta abundancia en la naturaleza, ya que es común hallarlo como acompañante en los yacimientos de oro y plata, determinó su uso desde los primeros estadios de la civilización humana. Se presenta como un metal de color gris azulado y su temperatura de fusión es muy baja, de solo 327,4 °C, así como su dureza de 1,5 en la escala de Mohs, por lo que prácticamente se puede cortar con un cuchillo. Tal es el caso que algunos historiadores aseguran que en épocas muy antiguas se utilizaron delgadas láminas de plomo para escribir. Tan es así, que en el museo de arte de la Universidad de Princeton, en Estados Unidos, se conserva una tablilla de plomo escrita por ambas caras con una maldición, invocando al dios hebreo Yahveh, no en contra de un rey o un funcionario, sino un simple verdulero. La tablilla fue encontrada en la región de Antioquia y cuenta con más de 1700 años.

Las propiedades físicas del plomo facilitaron su empleo en tuberías para el traslado de agua, sobre todo por los romanos, de ahí el término plomería con que a veces se nombraba a estas instalaciones y al calificativo plomero que se le da en algunos países a los que se dedican a este oficio. Sin embargo, actualmente el carácter tóxico de este metal y la enfermedad derivada "*saturnismo*", hacen que no se emplee con este fin.

El estaño, por otra parte, posee características físicas muy semejantes a las del plomo en lo concerniente a su dureza y temperatura de fusión, aunque los datos históricos ubican su descubrimiento después de las del pesado metal. El estaño es mucho menos pesado, tiene número atómico 50 y masa atómica 118,7 u. Su temperatura de fusión es muy baja, 231,9 °C, casi 100 grados menor que la del plomo. Su dureza también es muy baja, 1,5 en la escala Mohs.

Debe recordarse que la escala de Mohs, cuyo nombre está relacionado con el científico alemán que la estableció (Friedrich Mohs) está hecha para valorar la dureza de un material en una escala del 1 al 10, correspondiendo el valor más alto al diamante, aunque, una variedad alotrópica del carbono recién descubierta supera a la del brillante mineral.

El hecho es, que un metal de la dureza del cobre 3,0 era

impensable que se aliara a metales con durezas muy inferiores como el estaño y el plomo, y de esto se pudiese obtener aleaciones mucho más duras y resistentes (bronces), así que nos imaginamos al cobre negándose rotundamente a someterse a este proceso con semejantes elementos.

Nos imaginamos así, metafóricamente, largas disquisiciones entre los sacerdotes egipcios u otros personajes que los antecedieron en la historia de la humanidad y la metalurgia, para convencer al cobre a que se sometiera a este proceso. Lo cierto es que de la unión del cobre con estos metales surgió todo un gigante de aquellos tiempos, *el bronce* (dureza 3,5 escala de Mohs) cuyas armas y herramientas fabricadas con esta aleación, superaron en todo a las del cobre, de manera que fueron más duras y tenaces, más estables al deterioro y la oxidación; y llenaron toda una época de la historia de la humanidad conocida como la **edad del bronce**.

También hay que destacar que la temperatura de fusión del bronce (830-1020 °C) es mucho menor que la del cobre (1377,8 °C), lo cual se facilitaba notablemente su forjado en las condiciones rudimentarias que tenían los herreros y forjadores para poder elevar las temperaturas de fundición y trabajo. Por otra parte, el bronce es más pesado que el cobre, lo que mejora su empleo en las diferentes tareas que se le encomendaban a las herramientas e instrumentos que se podían fabricar a partir de él, sobre todo en la guerra, en que un golpe con un arma más pesada infringe un daño mayor que con una más ligera.

Además del estaño y el plomo también se unieron a las aleaciones el zinc (dureza 2,5 escala de Mohs) que si bien fue un elemento descubierto mucho después que los anteriores, produce excelentes alecciones conocidas como **latones**, con propiedades semejantes a las del bronce, algunas muy similares al oro en cuanto a su color. Tanto el bronce como los latones son mucho más dúctiles que el cobre, lo que facilita notablemente su manufacturación.

El zinc es un elemento con una densidad menor que la del cobre y también menor dureza (2,5 en la escala de Mohs), su temperatura de fusión es relativamente baja, aunque superior a la del plomo y el estaño, 692 °C, lo que facilita también el trabajo de fundición y forjado.

La formación de aleaciones con metales más blandos: estaño, zinc y plomo fue lo que permitió al cobre, como elemento metálico, ocupar el papel relevante que le correspondió en el desarrollo de la civilización humana y posibilitó, que a pesar de manufacturarse el hierro por algunas culturas, éste se mantuviera empleando hasta muchos siglos después de iniciada la "*edad del hierro*" incluso en Europa hasta siglos después de nuestra era.

Desde luego, resulta muy difícil de imaginar que la combinación del cobre con metales mucho más maleables pudiese dar lugar a materiales de cualidades excepcionales como los bronces y latones, así que pese a que el hierro forjado por los pueblos hititas demostró su superioridad sobre el cobre en las contiendas castrenses de la época, el tránsito hacia la *edad del hierro* no ocurriese de inmediato y durase muchos siglos más, para colmo, poco más de 100 años después de la batalla de Qadesh entre lo egipcios y los hititas, estos últimos desaparecieran misteriosamente como civilización, al parecer, bajo las violentas conquistas de los "*pueblos del mar*" en el Mediterráneo.

Por último, hay que tener presente que en aquellos tiempos antiguos, la obtención de aleaciones de cobre no se llevaba a cabo mezclando directamente los elementos en estado puro, sino minerales de los mismos, por ejemplo: el cobre como calcopirita (sulfuro doble de cobre y hierro: $FeCuS_2$) y el estaño como casiterita (dióxido de estaño: SnO_2) en presencia de carbón vegetal o leña como elemento reductor.

Lo cierto es que en la Ilíada de Homero, escrita posiblemente entre los siglos VII y VI a.n.e, que narra los últimos días de la guerra de Troya con los griegos, se expresa en el canto 324:

El divino Alejandro, esposo de Helena, la de hermosa cabellera, *vistió una magnífica armadura: púsose en las piernas elegantes grebas ajustadas con broches de plata; protegió el pecho con la coraza de su hermano Licaón, que se le acomodaba bien; colgó del hombro una **espada de bronce** guarnecida con clavos de plata; embrazó el grande y fuerte escudo; cubrió la robusta cabeza con un hermoso casco, cuyo terrible penacho de crines de caballo ondeaba en la cimera, y asió una fornida lanza que su mano pudiera manejar. De igual manera vistió las armas el aguerrido Menéalo.*

Se puede extraer como conclusión de todo esto que el alearse con otros elementos más blandos permitió al cobre ser el principal protagonista de toda una época de la historia de la humanidad, la *edad del bronce* cosa que no hubiese logrado solo, o al menos en la dimensión y el tiempo que lo hizo. Resulta difícil de prever que con todos los nuevos materiales que el hombre está obteniendo actualmente portadores de propiedades y cualidades excepcionales, la "edad del hierro" supere en un espacio temporal mayor a la del bronce, aunque este último metal, pese a lo duro y tenaz que es, se unió y está formando aleaciones con otros elementos, en resumen, como en la vida: *en la unión está la fuerza.*

CAPÍTULO X

Los duros y blandos metales alcalinos

Cristal natural de cloruro de sodio (NaCl)

Los metales alcalinos ocupan el primer grupo del sistema periódico y pueden ser considerados los *tipos duros* entre todos los elementos químicos y a la vez los *tipos blandos*, lo que puede parecer una contradicción, pero que en esencia no lo es.

El calificativo de *duros* responde a que son extraordinariamente reactivos, pues poseen un solo electrón en la capa exterior que pierden con suma facilidad para adquirir la estructura de gas noble, y esa facilidad se traduce en que las reacciones en que participan son extraordinariamente violentas y desprenden una elevada cantidad de energía en forma de luz y calor. En otras palabras, son *tipos muy violentos* sobre todo en reacciones con los halógenos, el oxígeno y el agua. Luego, evite experimentar con ellos si no tiene la debida experiencia, o acuda a un profesor de la asignatura, o a un profesional de la química, si quiere observar experimentos con ellos, porque los metales alcalinos son tipos de mucho cuidado y sus reacciones pueden alcanzar el rango de explosivas.

En lo que respecta a su carácter metálico, el grupo de los elementos alcalinos está integrado por: litio (Li), sodio (Na), potasio (K), rubidio (Rb), cesio (Cs) y francio (Fr), y este se incrementa en ese orden, de manera que el metal más metal, y perdonen la redundancia, entre todos los elementos químicos es el francio, aunque es un elemento radiactivo. Su electronegatividad por supuesto es la menor de todas (0,7 en la escala de Pauling), pero como es un elemento muy poco abundante, sería preferible emplear otro miembro más conocido del grupo para realizar muestro análisis, este por ejemplo puede ser el sodio, segundo del grupo.

Visto de esta manera, podemos entender que el sodio es un elemento extraordinariamente reactivo y que para conservarlo ha de hacerse evitando su contacto con el aire, esto es, aislándolo sumergido en un líquido inerte como el aceite. De no ser así, ardería al reaccionar con el oxígeno del aire, y mucho menos se les ocurra introducirlo en agua, salvo una muy pequeña cantidad del metal, como experimentan los profesores de química que realizan esta reacción representativa, por lo que es mejor acudir a ellos si se desea experimentar.

En lo que respecta al calificativo de *blandos*, esto se refiere a que realmente así lo son, al extremo que se pueden cortar fácilmente con un cuchillo, la dureza del sodio en la escala de Mohs es solo de 1,2; es también menos denso que el agua y flota en ella mientras se quema bruscamente produciendo hidróxido de sodio y desprendiendo hidrógeno, que a la vez reacciona con el oxígeno del aire para formar agua con lo que la reacción se hace mucho más violenta e incontrolable.

De esta manera, el metal más metal no es el hierro ni el acero, ni el manganeso, molibdeno, vanadio, etc., sino los blandos y ligeros elementos del grupo de los metales alcalinos dotados de una filosofía muy simple. *"Si tengo un electrón en el último nivel de energía que no me sirve para nada, que venga otro y lo utilice, pues al fin y al cabo seguirá siendo electrón y si con esto yo adquiero la estructura estable de un gas noble y el otro también, que así sea, a la buena de Dios"*. Y dentro de esos otros hay muchos: los halógenos, el oxígeno, etc. que reciben con sumo agrado el aporte electrónico de los elementos más *duros* y a la vez más *blandos* del sistema periódico, y también del Universo conocido.

Como puede verse, el compartir, más bien ceder no resulta tan malo para estos originales elementos, también entre los humanos el ayudar y hacer buenas obras con los necesitados puede ser motivo de felicidad. Al margen de esto, recuerde, ándese con cuidado con los metales alcalinos, con cualquiera de ellos, no se confíe, y también de sus bases o hidróxidos, como el de sodio (sosa cáustica) y de potasio (potasa cáustica), porque el apellido *cáustico* es por algo y este algo no es muy bueno para la piel.

CAPÍTULO XI

El hierro, el metal de la guerra

"Los países extranjeros conspiraron en sus islas, y todos los pueblos fueron removidos y dispersos en la refriega. Ningún país podía sostenerse frente a sus armas"

Inscripción en Medinet Habu sobre la invasión del año 8 durante el reino de Ransés III

Según expresan las crónicas antiguas, un día llegaron los *pueblos del mar* y asolaron y destruyeron todo a su paso, incluso los estados y culturas más florecientes del Mediterráneo, por lo que tuvo que salir a su paso el faraón Ransés III con todo su ejército, después de movilizar a la población apta para el combate y hacer regresar a todas las unidades militares movilizadas en el exterior, a donde nunca más regresaron, disminuyendo a partir de entonces el poder del imperio, tal era la fuerza y el embate de los llamados *"pueblos del mar"*.

La invasión de los *"pueblos del mar"* a las ciudades y estados del Mediterráneo en el siglo XII a.n.e., continúa siendo un misterio que viene ocupando el interés de los historiadores desde hace mucho tiempo y que aún hoy no hay una noción clara de su origen y destino final.

Pese a lo anterior, las escasas evidencias del origen y procedencia de los llamados *"pueblos del mar"*, sugieren que pueden estar relacionados con la ubicación de los primeros pueblos que dominaron la metalurgia y tecnología del hierro, esto es, en la región de la Isla de Chipre y el Asia Menor.

El que estos pueblos llegaran a desarrollar la metalurgia del hierro primero que los demás tiene que ver, más que con un interés técnico, el hecho de la no existencia de fuentes de estaño cercanas necesarias para la producción de bronce (aleación de cobre y estaño), lo que obligó a que se buscasen nuevas alternativas, y como los minerales ferrosos son allí muy abundantes (en general están muy dispersos por todo el mundo), esta pudiese haber sido la verdadera causa de su elección. Es posible también, que de forma casual fuese obtenido en algún horno u hoguera que ardiera intermitentemente durante mucho tiempo y que estuviesen allí presentes estos minerales.

Conocido es que los hititas, pueblo beligerante que habitaba una zona de Asia Menor (Anatolia) en la actual Turquía, dominaban la tecnología del hierro, como está documentado en las crónicas de la famosa batalla de Qadesh que libraron en 1274 a.n.e contra el faraón egipcio Ransés II, y en los tratados y relaciones posteriores entre ambos estados, pero los propios hititas fueron víctimas de las tropelías e incursiones de los guerreros de los belicosos *"pueblos del mar"* y en tal medida, que desaparecieron prácticamente como estado y civilización.

Aunque en la guerra de Troya narrada por Homero en la Ilíada se hace énfasis en el empleo de las espadas, escudos y armaduras de bronce, en uno de sus pasajes relacionados con Licaón que aconsejado por Atenea trata de herir a Menelao con una de sus flechas se dice:

*Y, cogiendo a la vez las plumas y el bovino nervio, tiró hacia su pecho y acercó la punta de **hierro** al arco. Armado así, rechinó el gran arco circular, crujió la cuerda y saltó la puntiaguda flecha deseosa de volar sobre la multitud.* (Canto 93)

Lo que hace indicar que ya se dominaba en cierta medida la manufactura del hierro y que las puntas de las flechas estaban hechas de este metal. Sobre su alta dureza y resistencia también se hace alusión en el poema de Homero en el canto 509:

*¡Acometed, troyanos domadores de caballos! No cedáis en la batalla a los argivos, porque sus cuerpos no son de piedra ni de **hierro** para que puedan resistir, si los herís, el tajante bronce...*

Es conocido también que la ciudad de Troya, según las investigaciones arqueológicas realizadas, se encontraba en la antigua Anatolia, específicamente en la actualidad, en la actual provincia turca de Çanakkale, junto al estrecho de los Dardanelos.

También las puntas de las lanzas empleadas en esta contienda estaban hechas de hierro como figura en el canto 63 del citado poema:

*El hijo de Fileo, famoso por su pica, fue a clavarle en la nuca la puntiaguda lanza, y el **hierro**...*

De otros pasajes de la Ilíada se puede extraer que el hierro era un metal conocido en aquellos tiempos – siglos VII y VIII a.n.e. según estimaciones - y muy valioso, por lo que si las armas eran hechas de bronce, lo más probable es que no se dominaba aún muy bien el forjado del hierro, o que este aún fuese muy laborioso, o que escaseara y abundara más el bronce.

Lo cierto es que en lo adelante el hierro fue sustituyendo paulatinamente al bronce para elaborar las armas, porque era más duro, tenaz y su filo y poder cortante era mucho mayor, lo que se traducía en que durante el combate las espadas u otras armas de bronce podían quebrarse o romperse ante las de este duro y nuevo metal.

Prueba de lo anterior es que unos pocos cientos de años después, en la descripción de las armas de los espartanos (siglo V a.n.e.), se muestra que sus lanzas y espadas estaban hechas de hierro. De más está decir que de la guerra no solo vive el hombre, y que los adelantos tecnológicos de las contiendas bélicas inmediatamente pasan al sector productivo, concretándose en aquella época en la manufactura de materiales y herramientas elaboradas con hierro para la agricultura, la artesanía y la labor cotidiana.

De manera, que muchos siglos antes de nuestra era, la "*edad de bronce*" había pasado a la historia y se entraba de lleno en la conocida como "*edad del hierro*", en la que aún nos encontramos sumergidos actualmente, pues ningún otro elemento metálico, ni siquiera el versátil aluminio, ni los materiales plásticos más resistentes, han sido aún capaces de sustituirlo, aunque el hierro de aquellos tiempos, en su tecnología y elaboración, dista mucho de ser el que actualmente se emplea.

Los primeros hornos para producir hierro eran muy simples y pequeños, y en ellos se mezclaba el polvo rojizo de los abundantes óxidos de hierro existentes con carbón vegetal que se quemaba para aportar la energía necesaria para la reacción y a su vez para reducir el óxido al estado metálico. El progreso de la reacción y los niveles de temperatura alcanzada dependían de la proporción de carbón empleado, lo que ocasionó el derribo de los bosques existentes para producir este combustible y que aquello constituyera el primer fenómeno de deforestación forestal conocida en la historia, superior al del empleo de la madera con fines constructivos y para la navegación. Con el tiempo, la escasez de bosques para producir carbón vegetal, unido a los avances de la explotación minera, conllevó a la sustitución gradual del producto vegetal por el carbón mineral, alcanzándose temperaturas mucho más altas y abaratándose aún más la producción.

Visto así y centrándonos en el aspecto productivo, entre las cenizas de carbón quemado aparecían trozos de hierro deforme que debían moldearse en caliente por manos de diestros, y fuertes herreros, para producir las armas y herramientas, lo que constituía una actividad muy hábil y laboriosa. También en este proceso era necesario insuflar suficiente aire que aportara el oxígeno necesario para mantener la combustión, lo que se hacía mediante fuelles elaborados generalmente con pieles de animales.

La metalurgia artesanal del hierro fue un proceso muy técnico y laborioso, pero bien valió la pena en lo concerniente a la superioridad de las armas y utensilios de hierro en comparación con las de bronce.

Todavía en este caso no podemos hablar de la *fundición del hierro*, que como tal precisaba de una mayor cantidad de carbón en hornos de mayor dimensión y altura, lo que se trasladó a la actualidad en el nombre que se le asigna a las plantas destinadas a la reducción y obtención del hierro fundido: *"altos hornos"*. Sin embargo, prototipos de este tipo a pequeña escala fueron empleados por los chinos en épocas del *"Primer Emperador"* (siglo II a.n.e.) en las guerras de unificación de los *"reinos combatientes"* para formar el primer estado chino, en que ya se puede hablar de la obtención de hierro fundido y de moldes para construir las puntas de lanzas, flechas y espadas.

Los avances alcanzados por los chinos en la metalurgia y fundición del hierro no llegaron a Europa, donde la obtención de este valioso metal continuó durante muchos siglos desarrollándose de la misma manera.

La producción metalúrgica del hierro de forma artesanal continuó hasta bien avanzado el último milenio, lo que si bien facilitaba su tecnología en diversos lugares del planeta, su costo de producción era muy superior, así por ejemplo, de acuerdo con algunas fuentes, el primer alto horno moderno en tierra hispana se construyó hacia mediados del siglo XIX.

Actualmente los principales productores de hierro en forma de acero (aleación del hierro con cantidades variables de carbono) son: China, Unión Europea, Japón, India, Estados Unidos y Rusia, a los que siguen otros más. La producción mundial de hierro y acero supera a la de cualquier otro metal y fue de 11600 MTM en 2016.

Claro, al hablar de acero nos referimos a la aleación que forma el hierro con el carbono con la que mejora notablemente sus propiedades mecánicas y su resistencia a la corrosión. Las proporciones de carbono en el acero varían en un intervalo aproximado de 0,01 al 1,8 %, lo que no resulta una cifra poco significativa en comparación con otros tipos de aleaciones, como los bronces, por ejemplo, donde la composición media de estaño en relación con el cobre puede ser del 10 %.

Con el hierro, al igual que con el cobre, se alean diferentes elementos metálicos para obtener materiales con mejores propiedades, como con el cromo (12 %) para obtener aceros inoxidables, también con el níquel en el conocido "*acero níquel*" con alrededor del 15% de este metal. También se realizan aleaciones con otros metales para mejorar sus propiedades físicas y mecánicas, incluyendo su dureza, resistencia y para elevar su temperatura de fusión, tal es el caso del vanadio, el manganeso, el molibdeno, y otros metales más.

El cambio de tecnología en la metalurgia al final de la "*edad del bronce*", abrió las puertas para que poco a poco los instrumentos de este material comenzaran a ser desplazados por los de hierro, más fuertes, duros y resistentes y que soportan mayores temperaturas de trabajo. La dureza del hierro (4,0) en la escala de Mohs es mayor que la del bronce (3,5), de igual modo, la temperatura de fusión de este es muy superior: 1535 °C, mientras que la del bronce es mucho menor, de alrededor 900 °C

-1000 °C.

Pero del hierro hay aspectos que merecen también mencionar dada su relevancia, y es en lo referente al magnetismo y el papel que juega sobre la vida, por cuanto se considera que más de las dos terceras partes de este metal constituyen el núcleo de la Tierra, y dotan a este planeta de un intenso campo magnético que lo protege de los rayos de alta energía que llegan desde el Sol (viento solar) y del cosmos. La mayor parte de estas radiaciones constituidas de partículas cargadas eléctricamente se desvían por este campo y no penetran y dañan la atmósfera terrestre, lo que permite la vida sobre el planeta y que este mantenga su rica y densa atmósfera, también su capa protectora de ozono que capta los rayos ultravioletas y evita que éstos lleguen a la superficie de la Tierra.

Al contrario de un clásico imán, el campo magnético de la Tierra cambia en función de la composición y rotación de su núcleo, de manera que los polos magnéticos del planeta no se mantienen inmóviles en un mismo lugar y se desplazan, aunque muy lentamente, sin embargo, al pasar cientos de miles de años estos llegan a invertirse.

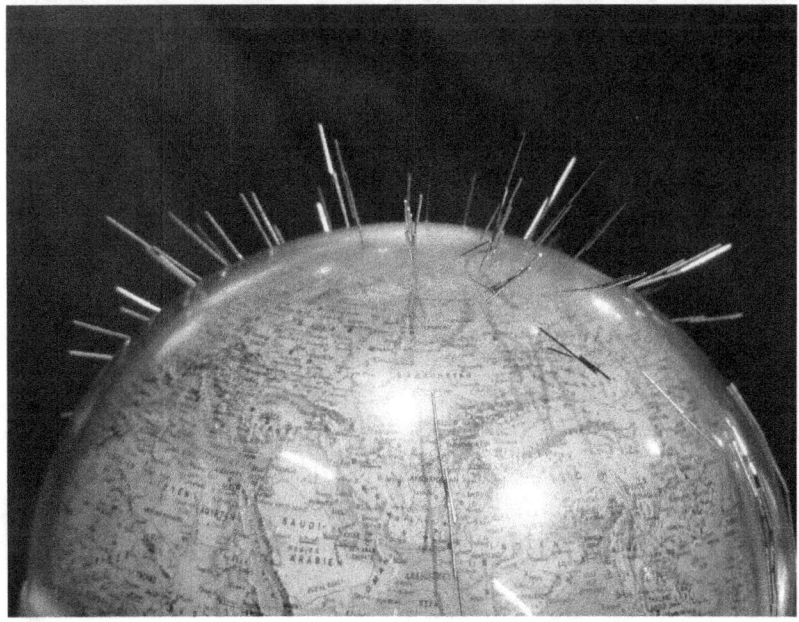

Campo magnético de la Tierra

La intensidad del campo magnético terrestre no se distribuye uniformemente en todo el planeta, es mayor en los polos que en el ecuador, lo que se explica por la menor distancia de este a su núcleo, dada la forma achatada de la Tierra, que no es una esfera exactamente definida, aunque se acerca bastante a esta figura. La velocidad con que se desplazan los polos magnéticos no se mantiene constante y en cien años esta ha variado en el Polo Norte desde un valor inicial de 10 km/año hasta 40 km/año en dirección de Canadá a Siberia.

También la intensidad del campo magnético terrestre no se mantiene constante y comparando las primeras medidas de esta magnitud realizadas por C. F. Gauss en 1835 con las de ahora, se observa que ha descendido alrededor de un 10%.

De los minerales naturales de hierro con propiedades magnéticas cabe destacar sobre todo la magnetita ($FeO.Fe_2O_3$), que en esencia es una combinación de óxidos de hierro (II) y (III) ionizados por la diferencia de electronegatividad del oxígeno (E=3,5) y el hierro (E=1,8), por lo que los electrones de valencia están muy cercanos al oxígeno y alejados del hierro. Este mineral es conocido desde la antigüedad y fue encontrado en la región de *Magnesia* en Tesalia (Grecia) y de ahí su nombre.

La magnetita presenta propiedades magnéticas muy acentuadas y estas se deben al acoplamiento de las intensidades magnéticas de ambos cationes Fe (II) y Fe (III) en la mezcla o combinación de óxidos. Su contenido en hierro es de alrededor del 70%, por lo que es uno de los minerales con mayor contenido de este metal.

Se conoce que sobre la Tierra se han proyectado numerosos meteoritos procedentes del espacio con una alta composición de hierro, y también con propiedades magnéticas acentuadas, por lo que puede constituir una forma de este metal conocida desde la antigüedad, mucho antes de la época en que se inició la metalurgia de este elemento.

Refiriéndonos a otras facetas del hierro y empleando términos metafóricos, puede considerase a este como el metal *ejecutor* de las gigantescas estrellas superpesadas cuado están a punto de cesar su actividad y autodestruirse. Esto se debe a que en estas estrellas mucho mayores que nuestro Sol la fusión nuclear no concluye en la formación de helio, sino que este también se fusiona para dar berilio y este a su vez para producir oxígeno, y así sucesivamente, pero llegado al hierro de número atómico 26, la energía necesaria para que los núcleos de los átomos de éste se fusionen para producir otros elementos más pesados es mayor de la que se liberaría durante el proceso, en otras palabras, pasa a ser un proceso *endotérmico* en vez de *exotérmico*, con lo que disminuye su tendencia a liberar electrones y expulsar fotones al espacio, cuestión necesaria para equilibrar la gravedad de la estrella masiva, por lo que esta se colapsa y queda un núcleo extraordinariamente denso y compacto (agujero negro), y a la vez estalla como una *supernova* liberando al espacio colosales cantidades de materia y energía, cuya luz puede ser observada a enormes distancias estelares, a la vez de muchos elementos pesados que después constituirán el material de construcción de los planetas.

Así que la vocación bélica del hierro se puede extender al Universo como *ejecutor de estrellas* y génesis de los cuerpos más mortíferos y destructores del Universo: *los agujeros negros.*

CAPÍTULO XII

Misterios metálicos del Titanic

RMS Titanic navegando después de su botadura en 1912.

En años muy recientes, después del centenario del trágico hundimiento del trasatlántico **RMS Titanic** ocurrido en 1912, expediciones portando pequeños minisubmarinos pudieron al fin descender a las inmensidades del océano y llegar a los 3 821 m de profundidad donde se encuentran reposando los restos del titánico barco, considerado el mayor y más adelantado tecnológicamente de su tiempo, hundido en un choque con un iceberg en su primer viaje trasatlántico entre Southampton y Nueva York.

Durante más de 70 años los restos del Titanic reposaron en las profundidades del océano sin que se supiese a ciencia cierta el lugar exacto de su hundimiento, hasta que en 1985 el oceanógrafo norteamericano, Robert Ballar, lo descubrió reposando tranquilamente a gran profundidad bajo las frías aguas del Atlántico Norte, lo que hacía extremadamente difícil bajar hasta él.

Pese al deterioro normal del barco expuesto al ambiente salino y a elevadas presiones, parece un milagro que se haya conservado una gran parte de su estructura después de la violenta rotura al hundirse, así como sus departamentos y diferentes objetos metálicos pertenecientes a pasajeros y tripulantes, o vasijas e instrumentos del propio buque. Entre los objetos rescatados cabe destacar un reloj que se detuvo instantes después del hundimiento (2:16 horas), así como cucharas, pendientes, pulseras, anillos, prismáticos, objetos metálicos de cocina, llaves, etc.

La existencia prácticamente intacta de estos objetos parece ser un gran misterio, pero puede que responda a que la cinética de corrosión, como cualquier reacción química, disminuye a la mitad por cada descenso aproximado de 10 grados de temperatura, según la llamada ecuación de Arrhenius, y en este caso, a profundidades cercanas a los 4000 m que es donde se encuentra el Titanic, la temperatura del agua se debe encontrar próxima a los 4 °C, con lo cual la velocidad de corrosión debe ser mucho menor de la tercera parte de lo que le hubiese correspondido en la superficie o cerca de ella.

Este singular descenso viene dado porque la temperatura de los océanos responde a la intensidad de radiación solar que llega a la superficie, donde es absorbida o reflejada, y a medida que se desciende esta va disminuyendo, lo que se demuestra en la oscuridad que aparece al descender a altas profundidades donde cesa prácticamente la acción fotosintética por falta de luz, no crecen plantas y la vida de las especies se encuentra al límite. El Titanic se halla bajo un frío y una oscuridad perenne.

Otro aspecto interesante, es que la corrosión se favorece con la presencia de dióxido de carbono (CO_2) y otros gases como el dióxido de azufre (SO_2), cuyas concentraciones son nulas a bajas profundidades, con lo que se crea un ambiente marino que disminuye la corrosión vista como un fenómeno químico de combinación del oxígeno con los metales. En las profundidades marinas es imperceptible el efecto contaminante de los gases provenientes de las industrias, lo que también incide en este fenómeno.

La temperatura del mar no puede descender muy por debajo de 4 °C dadas las características anómalas del agua en el proceso de congelación, que es lo que ha permitido que muchas especies marinas puedan sobrevivir en regiones heladas de los océanos, como las zonas Árticas y de la Antártida, cuestión que se aprecia también en los ríos helados, pues al abrir un orificio en el hielo de la superficie se encuentra debajo agua liquida, que permite a los aficionados de la pesca realizar su actividad y por supuesto, garantizar la vida de los peces y de las plantas subacuáticas.

Se ha podido determinar que a profundidades de 1 600 m ya la temperatura del agua ronda los 4 °C. Por otra parte hay que tener presente que el hundimiento del Titanic ocurrió en las frías aguas del Atlántico Norte, lo que también incide en estas temperaturas tan bajas, por lo cual es como si los objetos del barco se encontrasen conservados en una nevera.

Lo cierto es que en el Titanic se han encontrado objetos de cobre, plata, oro, bronce, etc., en perfecto estado de conservación y hasta en cierta, pero menor medida, el hierro y el acero de las estructuras del barco.

Pero si bien muchos objetos de bronce, cobre y otros metales no han sufrido grandes estragos por la oxidación, en el casco y gran parte de la armazón de hierro compuesta por unas 47 mil toneladas de este metal, la situación es diferentes, pues estas se han visto afectadas por una bacteria en particular que actúa prácticamente como una devoradora de hierro. Se trata de un tipo de halomonas, específicamente, la *Halomona titanicae*, cuyo nombre responde al barco en cuestión que ha acelerado notablemente el deterioro del barco.

Esta bacteria se ha convertido en el peor enemigo del Titanic y los restos metálicos del majestuoso barco se corroen a gran velocidad, es un proceso de destrucción acelerado lo que hace pensar que en pocos cientos de años no quede rastro del buque hundido, ya que el metabolismo de dicha bacteria necesita energía para su desarrollo que toma de la desprendida en el proceso de oxidación del hierro.

Efecto de las bacterias halomonas sobre el casco del Titanic.

¿Pero de dónde llegaron estos pequeños microorganismos hasta profundidades tales donde la elevada presión y las bajas temperaturas dificultan cualquier forma de vida? La respuesta está en el propio proceso de hundimiento, en el cual la vida bacteriana existente a bordo acompañó al buque en su descenso, y solo las que pudieron adaptarse a vivir en tales condiciones ambientales pudieron sobrevivir y modificarse para encontrar formas de suministro de nutrientes y energía para llevara cabo su metabolismo. De manera, que este medio, a tan bajas temperaturas, alta presión y elevada salinidad se ha convertido en un sitio favorable para su habitat y en el que logran obtener energía mediante los procesos de oxidación reducción propios del hierro.

Los constructores del enorme buque no podían ni remotamente imaginarse que el enemigo de las gruesas y resistentes chapas metálicas no sería el oxígeno del aire, el agua y la humedad, que constantemente causan la oxidación de las estructuras metálicas, sino que serían unas diminutas criaturas vivas, que para desarrollarse extraen la energía de los procesos de oxidación reducción asociados al hierro.

Las halomonas son bacterias halófilas, por lo que son capaces de vivir en elevadas concentraciones salinas, superiores a la media del 3,5% del entorno marino, de las cuales más del 80% es cloruro de sodio, ya que en condiciones normales habitan en lugares cálidos y bajo altas concentraciones de sal, como el agua marina y pantanos salados donde la concentración de cloruro de sodio puede llegar hasta el 25%.

Para evitar perder agua por ósmosis, las bacterias halófilas recurren a un compuesto químico que generan llamado **ectoína** que mantiene estable la concentración de líquido a ambos lados de la capa de la membrana superficial evitando la desnaturalización de las proteínas que se encuentran en el citoplasma y la membrana. Esta sustancia interactúa con los puentes de hidrógeno ralentizando los rapidísimos intercambios de estos átomos que se producen entre las moléculas de agua.

En la estructura de la ectoína hay un grupo carboxílico que se carga negativamente al perder un ión hidrógeno, mientras otro grupo básico, el NH, captura estos iones tomando carga positiva formando nuevos puentes de hidrógeno y participando en el intercambio de iones, con lo que logran proteger la estructura de la célula, tanto la fina capa superficial como las proteínas que hay en su interior.

Estructura molecular de la ectoína

Para que la acción de la ectoína sea razonablemente eficaz, deben alcanzarse altas concentraciones de esta sustancia en las células de halomonas como en efecto ocurre, en que llegar hasta cifras tan elevadas como el 20%. Por otra parte, en condiciones normales esta sustancia eleva la solubilidad del agua mejorando sus condiciones como disolvente polar.

Los estudios de este fenómeno confirman que actualmente hay más de una veintena de cepas bacterianas diferenciadas de halomonas participando en este proceso, dada la rápida evolución y transformación de estos microorganismos, La *Halomonas titanicae* es una de estas 27 cepas caracterizada por ser flagelada y Gram negativa

Las estructuras que forman estas colonias bacterianas sobe el casco del Titanic semejan cuernos o estalactitas de óxido de hierro, dándole un aspecto fantasmagórico. Por otro lado, estas bacterias no actúan sobre el bronce y otras aleaciones no ferrosas, lo que explica que los utensilios elaborados con estos no sufran este deterioro y se mantengan en perfecto estado de conservación.

No obstante, si bien las halomonas aceleran la destrucción del Titanic también juegan otro efecto contrario, pues cubren el casco metálico con una fina capa de óxido con lo cual lo aíslan del agua y de otros medios corrosivos, contribuyendo a su conservación. Sin embargo, esta capa suele desprenderse ante cualquier golpe mecánico con lo cual el proceso de deterioro se acelera de nuevo.

Las halomonas y otras bacterias semejantes podrían ser útiles para destruir embarcaciones hundidas a grandes profundidades, incluso estructuras de las bases extractoras petrolíferas, entre otras funciones, aunque de acuerdo con el material de que este construido el barco dependerá el tipo de bacteria que favorece su descomposición, de manera que en otros pecios hundidos que no sean de hierro pueden actuar otra clase de bacterias.

No obstante a lo anterior, y a la anticipación de hipótesis sobre este fenómeno, es necesario que nuevos estudios relacionen las altas profundidades marinas con la corrosión de diversos materiales, pero lo cierto es que en la práctica, ni el tiempo ni la alta salinidad marina fueron capaces de destruir completamente el Trasatlántico RSM Titanic, el mayor y más confortable de su época, ni muchos objetos metálicos que iban a bordo.

Nota.

El trasatlántico **RMS Titanic** se hundió el 15 de abril de 1912 en las aguas del Atlántico Norte, se estima que a bordo viajaban 2 223 personas incluyendo la tripulación, de las que perdieron la vida unas 1524 personas, la compañía propietaria era la "White Star Line", realizaba su viaje inaugural entre Southampton y Nueva York. Había sido botado al agua el 31 de mayo de 1911, dos años después de iniciada su construcción. Podía desplazar más de 50 000 TM, tenía 269 m de eslora y 28 m de manga. El barco se partió en dos durante su hundimiento y las porciones correspondientes a la proa y la popa quedaron separadas unos 600 m. Las partes metálicas están llenas de protuberancias de óxido de hierro, pero la madera ha sido menos resistente y ha dejado desnudas las partes metálicas que cubría. Se considera que el choque con el iceberg no fue frontal, sino lateral. Las coordenadas del hundimiento fueron: 41°43'55"N 49°56'45"O. Al hundirse el Titanic este había recorrido 2 335 km de los 5

508 km que separan ambas ciudades

CAPÍTULO XIII

El elemento químico número 13

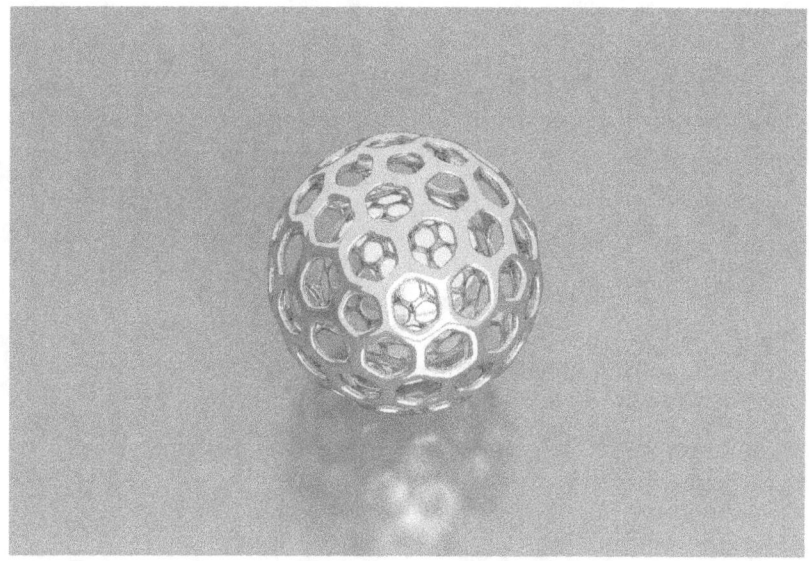

Esfera de Aluminio

Permítanme presentarme yo mismo, ya que el profesor Mendeleiev sufre de una ligera gripe producto de las recientes nevadas de San Petersburgo, por lo que no va a poder estar con nosotros.

Mi nombre es *aluminio*, y pertenezco al décimo tercer grupo del sistema periódico, con símbolo químico **Al** y soy el elemento químico número trece porque tengo trece protones en mi núcleo, también trece electrones en mi envoltura, aunque cuanto con catorce neutrones alojados junto a los protones. Por supuesto, por eso estoy ubicado en el grupo trece de la tabla periódica de

18 columnas, o el tres si fuese la de ocho de Mendeleiev. De las fuerzas que mantienen unidos los neutrones y protones en mi núcleo, al igual que en otros elementos químicos, no tengo ni idea, pero siempre me han dicho que esto da estabilidad al átomo y debe ser así, porque no conozco ningún otro aluminio existente que posea un núcleo atómico con trece protones y sin ningún neutrón.

Lo de los protones es una cosa que no se puede cambiar, para ser aluminio necesito tener 13, de lo contrario sería otro elemento químico de diferente naturaleza, también en lo del número de electrones estos tienen que ser también trece para mantener la neutralidad eléctrica, aunque ellos tienen más movilidad. Mi masa atómica es relativamente pequeña 26,98 u. por lo que soy un metal muy ligero. Tampoco tengo una alta electronegatividad, tan solo 1,5 en la escala da Pauling, ni tampoco una elevada energía de ionización, 577.5 kJ/mol por lo que mis tres electrones de la capa externa andan por ahí a sus anchas, generalmente asociados con el oxígeno que me los lleva por mal o buen camino, a veces también andan cercanos al cloro, o incluso libres, formando una nube electrónica como en otros metales.

Después de la Revolución Industrial en que un físico danés (Hans Christian Oersted) me aislara de las menas naturales en que me encontraba, pude al fin disfrutar de plena libertad como elemento metálico, aunque al inicio, el aislamiento fue un poco chapuza, no por culpa de mi progenitor, sino por las condiciones experimentales en que trabajó y su falta de experiencias y conocimiento, porque a decir verdad yo era un perfecto desconocido hasta entonces y él no era químico, sino físico; pero por suerte par mi en aquellos tiempos se practicaba mucho el multioficio y lo mismo ocurría que un químico metiera las narices en cuestiones de física, biología y viceversa.

Cuando adquirí la libertad y mi personalidad propia como elemento químico, ya otros disfrutaban de una plácida adultez, incluso vejes, como era el caso del oro, el cobre, el plomo, el mercurio, entre otros, empleados desde la antigüedad, pero a mi nadie me conocía hasta entonces, corría el año de 1825, aunque permítanme rectificar, a mi como tal no se me conocía, pero si algunos compuestos en los que estaba incluido, como el *alumbre* una sal doble hidratada con el potasio que se empleaba desde la antigüedad como mordiente y para curtir pieles, así como en tintorería, entre otros variados usos y que aún hoy día tiene utilidad, por ejemplo es un conservante alimenticio con el código H 10068 empleado para evitar la maduración de frutos, como el plátano.

Es necesario destacar que mucho antes de mi nacimiento ya me habían puesto nombre, lo hizo un famoso *"fabricante"* y descubridor de elementos Humphry Davis en el año de 1809, así que mi gestación duró más que la de un ser humano, no fueron 9 meses sino 16 años en que viniera a la luz después que me asignaran el nombre de **aluminio**. Dos años después de mi nacimiento un químico alemán que todos conocen por haber sido el primero que sintetizó sustancias orgánicas a partir de compuestos inorgánicos (urea), Friedrich Wöler, completó mi aislamiento y por fin pude disfrutar de la condición de ser un elemento químico más en el desorden de elementos que existían, dado que aún no se conocía lo del sistema periódico, de esto último se habló después, en tiempos de Meyer y Mendeleiev. Aquello fue como mi segundo nacimiento, aunque no debo culpar para nada a mi progenitor humano inicial, el señor Oersted, porque este en aquella época tenía muchas otras muchas preocupaciones y ¡que preocupaciones! nada más y nada menos que las del electromagnetismo que se considera su descubridor.

Una vez libre no piensen que terminaron mis tribulaciones, el método de obtención era muy costoso y si caro era este, así lo era yo, porque para aislarme se empleaba un método poco convencional, en que se tenía que utilizar sodio metálico y los que han trabajado y conocen este elemento saben que es muy reactivo, de fuerte carácter y muy violento. Y él como tal también era un elemento de alto precio y difícil de obtener.

Esos tiempos, aunque contaba con poca familia fueron muy

felices y era adorado como si fuese un mineral muy valioso, a la par de las piedras preciosas y metales nobles como la plata, o el oro, tan es así que el entonces emperador de Francia: Napoleón III (el pequeño, no el primero, que aunque fue pequeño de tamaño, no lo fue en sus conquistas militares) se encaprichó conmigo de tal manera que me presentó en la Exposición Universal de 1855 en París, y según comentan, mandó hasta a confeccionar una vajilla, en que yo era el único protagonista, También, más adelante, y todo parece muy veraz me utilizaron como material para ciertas estatuas y monumentos.

Aquí, sin embargo hay que hacer un paréntesis, de acuerdo con mi estructura y los parámetros atómicos que me caracterizan, yo debía ser un elemento muy reactivo y formar compuestos con relativa facilidad, sobre todo con el oxígeno, lo cual limitaría mi empleo de forma metálica; y en cierto sentido esto debía ser así, sino existiese un convenio de antemano firmado con el oxígeno mediante el cual yo le permitía formar óxidos, pero estos debían ser muy delgados, resistentes y adherentes, de modo que evitara que posteriormente me continuara oxidando, y en honor a la verdad, este convenio se ha venido cumpliendo con seriedad por ambas partes, así que aunque me presente con un color gris generalmente opaco, lo cual puede afearme un poco, no se preocupen en limpiarme y pulirme, porque yo tengo que ser fiel al pacto de referencia y volver de nuevo a formar la fina capa de óxido que al final me protegerá de posteriores procesos químicos, incluyendo de la corrosión.

En años posteriores a la feria de Paris seguí siendo objeto de atención por parte de los científicos, entre ellos del químico austriaco Carl Bayer que encontró un método adecuado para extraerme de la bauxita (roca sedimentarias formada por óxidos e hidróxidos de aluminio con otros minerales como el hierro, es una de las principales menas para obtener aluminio) en forma de óxido al tratarla con hidróxido de sodio, método conocido como Proceso Bayer y que se sigue empleando en la actualidad

Pero sin querer he pasado por alto lo esencial y más importante, los trabajos realizados anteriormente, de forma independiente y en igual época por dos jóvenes científicos de diferentes países. Este fue un hecho extraordinariamente interesante en los anales de la historia de la química y es que se registraron dos patentes semejantes sobre mi obtención en el mismo año (1886) y en sitios muy diferentes: una en Francia por Paul Héroult y otra en Estados Unidos por Charles Hall, de manera que si los fenómenos paranormales existen estos dos jóvenes científicos se comunicaron muy bien entre si.

Esta historia un tanto mística tiene otro aspecto en común que la llena aún más de misterio, tanto Hall como Héroult eran muy jóvenes cuando llevaron a cabo su descubrimiento, ambos tenían solo 23 años, habían nacido el mismo año, en 1863, y murieron también el mismo año en 1914, casualidades, paradojas o misterios asociados al elemento número trece.

Con lo del número trece es necesario que volvamos de nuevo a los inicios para retomar un dato de mi estructura atómica que sin darme cuenta había pasado por alto, yo tengo un familiar muy cercano, un isótopo igual que yo en todo, salvo que en el núcleo en vez de catorce neutrones tiene trece, por lo que es tres veces trece, o tres veces mala suerte para los creyentes, su proporción es mucho menor que la mía, es radiactivo y posee una vida media de setecientos mil años, este se forma en la atmósfera por el efecto combinado de los rayos cósmicos y protones sobre el argón. El ^{26}Al, que es como se identifica lleva una vida plácida y sosegada, y con un oficio muy remunerado ocupándose de datar la antigüedad de diferentes materiales al igual que el ^{14}C, nos llevamos bien aunque coincidimos poco, él en los medios académicos y yo en mi abrumadora vida en el sector industrial y doméstico.

Una vez encontrado un método adecuado para realizar la electrólisis y obtenerme como elemento metálico, por Hall y Héroult, mi vida dio un vuelco trascendental y en poco tiempo la producción se elevó de forma prácticamente exponencial y con ello por supuesto mis aplicaciones, que para ser honesto no pensé que fueran tantas. También hay que reconocer que soy uno de los elementos más abundantes en la corteza terrestre, el tercero, y conformo alrededor del 8% de la misma, solo superado por el oxígeno y el silicio, por cierto con los que estoy muy asociado en la naturaleza formando diferentes minerales en forma de silicatos.

Si en 1900 ya mi producción alcanzaba más de 6 500 toneladas, a mediados del siglo XX sobrepasaba las doscientas mil y actualmente se manufacturan más de 30 millones de toneladas métricas, por lo que soy el segundo metal en importancia, claro después del hierro, y este en forma de acero, también cuento con multitud de aplicaciones.

Las relaciones con el hierro al principio no fueron buenas, sobre todo cuando se comenzó a emplearme para fabricar utensilios de cocina: ollas, sartenes, jarros, etc. que hasta ese momento se hacían de hierro. Fue un momento muy difícil, que ocurrió pocos años después de que se encontraron los métodos prácticos y económicamente factibles para mi obtención llevados a cabo por Hall y Héroult, en 1886, tal como narré anteriormente.

El hecho es, que las principales tiendas y almacenes norteamericanos a finales de siglo XIX se negaban a incluir la venta de mis utensilios domésticos, alegando información falsa, tonterías sobre si se pegaban y quemaban los alimentos que se cocinaban con ellos y otras sandeces más inventadas seguramente por los metalúrgicos del hierro, muy poderosos por cierto, recuerden que la banca Morgan monopolizaba el sector del acero en aquellos tiempos, pero no tengo pruebas de que esta tuviese que ver algo con lo que sucedía, y a día de hoy en las cotizaciones de bolsa nos llevamos bien, por lo que me parece que los que estaban más interesados en el asunto eran productores menores, o hasta el mismo sector comercial, que si le iba bien con la venta de utensilios de hierro para que correr riesgos conmigo. De todas formas Hall demostró fehacientemente que todo era un engaño y que guiso por guiso era el mismo cocinado con ambos tipos de ollas, y como yo era más ligero, fácil de limpiar y sobre todo económico, poco a poco fui ganando terreno y a día de hoy prevalezco en este sector productivo. De todas formas, en algún que otro lugar del mundo se han seguido empleando vasijas de hierro, sobre todo calderos, muy buenos para cocinar sobre carbón o leña y al aire libre.

Una vez que se dispuso de mí en cantidades suficientes comenzaron a lloverme las solicitudes de amistad en lo concerniente a la formación de aleaciones, de las que he aceptado principalmente con el cobre, el silicio, el manganeso, el magnesio y el zinc, y también con algunos otros elementos.

Con cada una de estas aleaciones he mejorado mis propiedades, lo que ha hecho mi empleo mucho más versátil. En ellas he aportado mis principales cualidades: estabilidad, ligereza, ductilidad, resistencia, conductibilidad eléctrica, relativamente baja temperatura de fusión, etc. De manera que me ubico como un material importante en diversas ramas industriales y de la esfera doméstica, así por ejemplo, me emplean en sectores de tecnología punta como la aviación, en los proyectos aeroespaciales, el importante y masivo sector de la construcción, en soldadura, claro acompañado el proceso con gases inertes protectores como el helio, en la elaboración de moldes para la fundición, como protector anódico, en metalurgia en el proceso conocido como aluminotermia, dada mi elevada reactividad en polvo; porque no se equivoquen, sigo siendo un metal muy reactivo cuando me encuentro finamente dividido, sobre todo para reaccionar con el oxígeno y producir un elevado efecto térmico en que se alcanzan temperaturas muy altas necesarias para obtener metales como el cromo, por ejemplo (aquí actúo como poderoso agente reductor), o producir aleaciones especiales como las del hierro y el niobio, o el vanadio, entre otras. También es posible mediante la aluminotermia soldar rieles ferroviarios.

En mis aplicaciones no podrían faltar las del sector doméstico en lo referente a la producción de utensilios de cocina, ¿a quién no le viene a la mente un jarro de aluminio para tomar café, o una cazuela de aluminio para cocinar? Y en este campo resaltar los envases para líquidos, y sobre todo ese papel de aluminio que se expende en todos los supermercados y que no puede faltar en ningún bar, restaurante o cafetería, y que permite llevar con comodidad un sándwich, o bocadillo para ingerir con posterioridad.

En cuanto a la estructuras metálicas con que me emplean en la construcción, es necesario destacar que ya estas ocupan un lugar tan destacado que han dado origen a actividades profesionales tan comunes como la carpintería de aluminio, o métodos metalúrgicos como el de extrusión para formar estructuras de formas y figuras inimaginables, y por si no lo sabían, hasta me han empleado en la conservadora realeza inglesa, en la cual he conformado las ventanas de aluminio lacado de las propias habitaciones de la reina Isabel, en Canterbury.

Seguir informando de mis aplicaciones quizás aburra un poco y puede hacer pensar que soy un pocoególatra, aunque volviendo a mis orígenes, debo recordar que aún el gel de hidróxido de aluminio puede resultar un eficaz laxante para aliviar las molestias digestivas de las personas que sienten determinadas molestias estomacales.

Deficiencias, errores, en mi vida anterior y presente, he tenido, sobre todo en el campo de acuñar monedas que en algunos países se han tenido que aceptar por cuestiones económicas, en sustitución del cobre, el bronce, o el latón; pero que en Estados Unidos me trajo serios problemas cuando a alguien se le ocurrió emplearme para acuñar los clásicos centavos de cobre con la acostumbrada imagen de Abraham Lincoln para abaratar su coste en sustitución de este metal. Esto me costó el enfado y el rechazo de la población norteamericana, y dañó poderosamente mi prestigio y reputación, pero por suerte cesó tan pronto la opinión pública logró que me retiraran de circulación.

Al margen de la acuñación de monedas, el cobre tampoco me perdona el que emule con él en cuanto a la conductividad eléctrica ($3,8 \times 10^7$ S/m) aunque la de él es superior ($5,8 \times 10^7$ S/m), pero a la hora de emplear conductores de alto grosor en la conducción de elevados voltajes, se me prefiere a mi por mi bajo peso, ya que mi densidad ($2,7$ g/cm^3) es mucho menor que la de él (8,96 g/cm$_3$).

De todas formas, actualmente mis relaciones con el cobre son muy cordiales y una de nuestras aleaciones, el *duraluminio* es una de las más importantes en el sector metalúrgico por su bajo peso y alta resistencia (442 MPa), factores necesarios en sectores claves de la industria como la aviación.

Actualmente también se me achacan posibles efectos tóxicos, como a muchos otros metales, aunque los casos son muy raros, de manera que el trabajar conmigo no ocasiona que se me relacione con las enfermedades profesionales Por otra parte, también se me ha asociado con el alzheimer, al haberse encontrado niveles más elevados de aluminio en personas que hubiesen padecido esta enfermedad, pero aún los datos no sostienen evidencias en este sentido.

Por último, debe reconocerse mi aporte al medio ambiente pues soy uno de los metales más reciclables, de manera que gran parte del aluminio que se produce en el mundo proviene de mi chatarra y no de yacimientos naturales.

Visto todo lo anterior, puede que lo del número trece en química no sea muy efectivo, pues en virtud de la vida que he llevado, la que llevo y se augura que llevaré, no tengo ningún motivo para quejarme y puedo ser considerado un elemento feliz y con suerte en el sistema periódico, tal como ocurre con algunos que apuestan a la lotería y juegan ese número, y de seguro alguien se ha sacado el "premio gordo"

CAPÍTULO XIV

El magnesio: señor de la luz y de las plantas

El magnesio resulta ser un el elemento químico muy interesante del que a veces se omiten propiedades muy importantes, que destacaremos más adelante. Es el número 12 en el sistema periódico y se encuentra ubicado en el grupo II de la tabla periódica de Mendeleiev, correspondiente a los metales alcalinotérreos, es de color blanco plateado, su valor de electronegatividad es bajo, así como su energía de ionización por lo que se comporta como un metal bastante reactivo, por otra parte es poco denso y muy dúctil y maleable, lo que posibilita que se puedan obtener de él finas láminas enrollables en forma de cinta, que arden con suma facilidad cuando se calientan en presencia de oxígeno produciendo una luz blanca muy intensa, que en su tiempo fue ampliamente utilizada como flash en las antiguas cámaras fotográficas convirtiendo el momento de las fotos en un sublime espectáculo de reuniones, bodas, fiestas y banquetes, o en cualquier momento que se deseare dejar constancia gráfica de lo sucedido.

La luz intensa necesaria para realizar las fotografías se debía, en esencia, a que los materiales de plata de las películas fotográficas no eran muy sensibles para captar las imágenes con la intensidad normal de la luz visible. Pero ahora todo aquello es historia y los flashes de los teléfonos móviles y cámaras digitales actuales no tienen que ver nada con el magnesio. ¿De ser así por qué seguir relacionándolo con la luz? A continuación damos la respuesta.

El problema básico está en que el verdadero motivo por el cual se deba relacionar al magnesio con la luz no es el de su ignición con el oxígeno en los flash, porque de ser así habría un elevado número de candidatos a este título, por ejemplo, el hidrógeno que se quema en estrellas como el Sol y que produce más luz que ningún otro, el carbono en su reacción de combustión, bien sea en forma de carbón vegetal, fósil, madera, etc., también la luz del wolframio en las lámparas incandescentes, ahora pasadas de moda (anteriormente en sus inicios los filamentos eran de carbono), así como el mercurio y los gases inertes en las lámparas fluorescentes, también a punto de pasar a la historia, sustituidos por los Led y otros muchos procesos donde la energía se desprende en forma de luz y calor.

Por tanto el motivo es otro, y pasa bien desapercibido, pues nos referimos a sustancias opacas pero que son capaces de captar la luz solar y de otras fuentes para que las plantas realicen la función más importante que les confiere la naturaleza: la *fotosíntesis o función clorofiliana,* en que mediante la clorofila se absorbe la energía lumínica necesaria para que ellas conviertan el agua y el dióxido de carbono en azúcares y almidones, productos básicos de la cadena alimenticia por su alto contenido energético, y es que formando parte de la clorofila, en su núcleo central, se encuentra el magnesio que es quien permite este tipo de proceso.

Dada la importancia del metabolismo de las plantas para la vida humana y animal, es que se vincula el magnesio con la luz, y parece que con esto está demás seguir argumentándolo. Si las plantas no fuesen capaces de captar la energía luminosa procedente del Sol mediante la clorofila, no existiría la vida tal y como la conocemos hoy, y por supuesto tampoco nosotros.

¿Pero qué es la clorofila?

Puede que la pregunta resulte demasiado simple, pues todos conocemos que el pigmento verde de las hojas de las plantas recibe el nombre de *clorofila*, pero hay mucho más relacionado con su estructura y composición.

Primero que todo, es necesario ajustar el término y referirnos a *clorofilas*, porque son varios tipos de pigmentos con estructura similar y no solo las plantas las poseen, sino otros organismos como las cianobacterias, y en general los que tienen un tipo de estructura llamada cloroplastos o membranas celulares con igual función. En esencia, pueden considerarse como biomoléculas, haciendo referencia a que son moléculas con importantes funciones vitales.

Aunque el término clorofila pudiese hacer pensar a su relación con el cloro, esto no es así, porque en los diferentes tipos de biomoléculas de clorofilas no se encuentra presente el cloro, pues más bien su designación se encuentra relacionada con la forma de nombrar en griego el verde, ya que generalmente las clorofilas muestran este color a simple vista. En realidad, la molécula de clorofila está formada por los elementos carbono (C), hidrógeno (H), oxígeno (O), nitrógeno (N) y el magnesio (Mg), que es el único metal presente. Las proporciones de átomos de los diferentes elementos varían entre los diferentes tipos, y alcanzan cantidades tales como: carbono: 35, 54 y 55;

hidrógeno: 28, 30, 70 y 72; oxígeno 5 y 6; el nitrógeno siempre 4 y el magnesio solo 1. De manera que una de las clorofilas más generales y frecuentes corresponde a la siguiente fórmula global: $C_{55}H_{72}O_5N_4Mg$.

Resulta asombroso que en una estructura tan compleja y que responda a una fórmula molecular con tantos átomos y varios tipos de elementos, solo de magnesio haya un átomo, por lo que este debe jugar un rol muy importante en estos singulares compuestos.

Entrando en la estructura molecular de la clorofila, podemos diferenciar dos partes, una correspondiente a una estructura de porfirina donde se encuentra el magnesio, y que es la encargada de absorber la luz, y otra de fitol, que se ocupa de mantener la clorofila unida a la membrana fotosintética.

A continuación se expone la estructura de la molécula de clorofila donde aparece el magnesio en su parte central unido a cuatro átomos de nitrógeno que lo rodean. Dos de estos átomos están unidos por enlaces covalentes normales y los otros dos por un tipo de enlace covalente coordinado o dativo, en el cual solo los pares de electrones libres del nitrógeno son los que participan en el enlace.

Estructura de la molécula de clorofila

El agrupamiento masivo superior es el grupo porfirínico, y el horizontal de abajo el grupo fitol.

Una estructura semejante a la del grupo porfirínico en la clorofila, corresponde a la del grupo *hemo* en la hemoglobina de la sangre donde la diferencia principal es que el hierro ejerce de metal central, pero también rodeado de cuatro átomos de nitrógeno. Si bien el rol de la clorofila está relacionado con la absorción y transporte de energía, el de la hemoglobina lo está con el proceso de la respiración al transportar el oxígeno de los pulmones hasta los tejidos, y a la vez, de regreso, hacer lo propio con el dióxido de carbono para que este sea expulsado al exterior

Como expresamos con anterioridad, existen diferentes tipos de clorofilas que difieren en algún elemento estructural o en su composición, por ejemplo:

Clorofila **a** (Universal: plantas y algas): $C_{55}H_{72}O_5N_4Mg$

Clorofila **b** (Con semejanza a la anterior) $C_{55}H_{70}O_6N_4Mg$

Clorofila **c1** (Presente en algas cromofitas) $C_{35}H_{30}O_5N_4Mg$

Clorofila **d** (Presente en cianobacterias) $C_{54}H_{70}O_6N_4Mg$

Un importante aspecto que no debe pasarse por alto en lo referente a la absorción de luz por la clorofila, es que su color verde responde a la absorción de luz en la zona visible del espectro electromagnético, principalmente la correspondiente a los colores azul-violeta y rojo, pero la que emite y apreciamos con nuestros ojos es la luz verde.

Pero aquí no termina la importancia biológica del magnesio, sobre todo para el organismo humano.

Esta demás decir que si el magnesio se encuentra formando parte de los pigmentos y tejidos verdes de las plantas, cada vez que se consumen con los vegetales se está incorporando magnesio al organismo, que este emplea en diferentes funciones metabólicas, y de ser excesivo expulsa el restante, por lo que no debemos preocuparnos en este sentido, salvo que la fuente de ingreso sea a través de otros productos y la cantidad sobrepase los límites normales permisibles.

El magnesio participa en diferentes funciones del organismo humano como las siguientes: ayuda al funcionamiento del sistema nervioso, evita el insomnio y el stress, fortalece el sistema óseo muscular, regula los niveles de glucosa en sangre, disminuye el cansancio y la fatiga, así como los dolores de cabeza y la migraña. En esencia, participa en el organismo humano como catalizador de diferentes reacciones enzimáticas intracelulares.

Es conocido desde antaño el papel del hidróxido de magnesio ($Mg(OH)_2$, conocido como leche de magnesia, muy útil para disminuir la acidez estomacal y facilitar la digestión. El sulfato de magnesio hidratado (Sal de Epsom) se utiliza desde mediados del siglo XVII dado sus propiedades terapéuticas, principalmente de forma externa.

No obstante lo anterior, salvo por prescripción facultativa, como debe hacerse con todos los medicamentos, no debe abusarse del uso de suplementos de magnesio, por cuanto generalmente con el que se consume en la dieta, sobre todo si en esta se incluyen los vegetales verdes suficientes, no es necesaria otra fuente adicional, salvo que algún trastorno del metabolismo lo precise, porque de lo contrario estamos obligando al organismo a procesar un exceso de producto innecesario, una vez cubiertas nuestras necesidades vitales.

El magnesio es un metal muy abundante en la corteza terrestre (2 %), incluyendo los mares y océanos. En el agua marina se encuentra en proporciones suficientes de donde llega al organismo a través del consumo de la sal natural procedente del mar. En cada litro de agua de mar hay aproximadamente 5 g de magnesio en forma de cloruro, que es muy soluble.

En general, la cantidad media de sales disueltas en el agua de mar está sobre los 35 g/l, de las cuales la mayor parte es el cloruro de sodio (24 g), a la que sigue el cloruro de magnesio y el sulfato de sodio.

Más del 12 % de la sal marina está compuesta de cloruro de magnesio, lo que es una medida de la forma y la cantidad en que puede llegar a nosotros a través de este producto en la dieta. La sal refinada, por su parte, es aquella a la que se le eliminan la mayor parte de las sales acompañantes al cloruro de sodio, y su composición es del orden del 99 %, por lo que su contenido de magnesio es insignificante.

El magnesio, al igual que el aluminio y algunos otros metales, se cubre de una fina capa de óxido adherente que impide que siga oxidándose protegiéndolo del medio ambiente, por lo que no es necesario conservarlo fuera del aire sumergido en un material inerte como sí se hace necesario para los metales alcalinos del grupo anterior contiguo.

El magnesio reacciona con el agua en condiciones normales notándose sobre su superficie las pequeñas burbujas de hidrógeno liberado.

El magnesio y el aluminio forman una aleación que se emplea en la elaboración de pomos y bidones para almacenar líquidos.

Por último, recordar que el magnesio es un metal muy reactivo, por lo que deben tomarse suficientes precauciones durante su manejo, sobre todo cuando está en virutas, polvo o sumamente dividido, o hay peligro que entre en contacto con el aire en presencia de fuentes de calor, a lo que hay que añadir que una vez encendido no respeta ni la fortaleza de los triples enlaces del nitrógeno molecular con el que forma nitruros, ni mucho menos a los del C-O en el dióxido de carbono para originar óxidos, lo que dificulta considerablemente su extinción.

CAPÍTULO XV

La fantasmal luz de la fosforescencia

Polvo Fosforescente

Nadie podría imaginar que calentando suficientes cantidades de orina a sequedad, se podría obtener un elemento químico de propiedades muy originales y de gran importancia para el ser humano, pues de hecho contribuye, junto con el calcio, a dar la estructura y dureza de los huesos. Nos referimos al fósforo.

El fósforo fue descubierto y obtenido aún en época de los grandes alquimistas, y por uno de ellos: el alemán Hennig Brand, en 1669, según se dice, destilando día y noche decenas de cubos de orina mezclados con arena, quizás en busca de la piedra filosofal. Al agotarse el líquido de calentamiento quedó como residuo una escasa cantidad de un material blanco que brillaba y ardía con facilidad en el aire.

Como descubrimiento alquimista al fin, este debía permanecer en el más absoluto secreto, pero como Brand no había leído a Confucio que decía que "*el silencio es el único amigo que jamás traiciona*" se lo comunicó a algún que otro colega, sin que se piense con esto que su otro posterior descubridor: Johann Kunckel (1677) se hubiese apropiado del descubrimiento acudiendo a malas artes o métodos.

Lo cierto es que el proceso de obtención del *fósforo* (del griego portador de luz), como lo bautizó el propio Brand, era extraordinariamente laborioso y su rendimiento muy bajo, pues desechaba parte del mineral fosforado; porque aunque usted no se crea, como media, 1 litro de orina humana puede rendir 0,11 g de fósforo puro y mucho más como sales y óxidos.

Con la obtención del fósforo se había logrado descubrir el elemento número quince del sistema periódico, pariente del nitrógeno en el mismo grupo, pero que en lo que respecta a la inercia química este tiene muy poco que ver con el gas de la estabilidad, sobre todo en cuanto a inercia química, pues una de sus formas, el fósforo blanco, es extremadamente reactivo, y vamos a subrayar, **muy reactivo**.

Puede que Brand se percatara de la presencia del nuevo elemento más que nada por su resplandor brillante y posterior color verde pálido aún en frío. Los métodos modernos para obtenerlo parten de fosfatos naturales y su reducción con carbón, aunque el principio del método de Brand coincide en parte con estos, pues el fósforo del hombre y los animales, evacuado con la orina al calentarlo con el carbono de la parte calcinada de la materia orgánica, es lo que originó el fósforo obtenido por este.

Sería interesante imaginar el asombro de Brand y los primeros que contemplaron las propiedades de este singular elemento, capaz de arder con luz brillante y mantener posteriormente su coloración verde pálida, sobre todo en la oscuridad. Aquello debió constituir un extraordinario espectáculo.

De hecho, ya en tiempos más actuales, los huesos de animales se empleaban con diferentes fines, uno de ellos el de producir botones, en lo personal tuve una bata blanca de laboratorio con ellos, y créanme, en la oscuridad verlos brillar mostrando su imagen verde, aunque sabía que eran blancos, sobrecogía un poco.

A raíz de aquello, el fenómeno de emitir luz por las sustancias recibió el nombre de *fosforescencia*, independientemente del elemento o compuesto de que se tratara, y en esencia se define este hecho como el proceso de reflejar luz por un material durante un tiempo determinado una vez que este ha dejado de iluminarse. Esta luz emitida corresponde a la almacenada cuando estuvo iluminada.

Desde el punto de vista de la química actual, el hecho se explica porque al someter un material fosforescente o fluorescente (termino que guarda relación con el anterior) con una luz de determinada longitud de onda del espectro visible, los electrones captan esa energía, saltan a órbitas más externas y posteriormente cuando cesa la fuente de energía externa, vuelven a las órbitas más cercanas al átomo devolviendo la energía anteriormente adquirida, en forma de luz, el proceso puede durar muy poco tiempo *fluorescencia* o mucho más, *fosforescencia*. Generalmente, la luz emitida, aunque en igual cuantía, responde a radiaciones de mayor longitud de onda, como la verde del espectro visible.

El fenómeno de la fluorescencia y la fosforescencia no es exclusivo del fósforo y sus sales, y actualmente se conocen numerosas sustancias con estas propiedades, incluyendo sulfuros de metales de transición como el zinc, históricamente muy empleados, como por ejemplo, para calcular el número de impactos de las partículas contando sus destellos fluorescentes, como hizo el inglés Ernest Rutherford en su experimento para argumentar el modelo atómico que lleva su nombre.

Como resultado de las descargas eléctricas en tubos con gases muy enrarecidos se logra también este fenómeno, que tuvo notable aplicación práctica en los llamados tubos fluorescentes, muy usados para el alumbrado doméstico hasta hace muy poco tiempo, aunque aquí el material que emite luz lo constituyen vapores de mercurio en un medio de gases inertes enrarecidos. Estos actualmente se están apartando del mercado por la presencia del tóxico metal.

Pero no llevemos aún a la ciencia actual lo que tiene que ver con el fósforo y sus efectos fosforescentes, conocido es que los huesos de humanos y animales contienen elevadas cantidades de fósforo en forma de fosfato de calcio. Una vez muerto un animal en cualquier parte del campo y quedando solo sus restos óseos, la luz de la luna u otras fuentes puede causar absorción de radiación sobre ellos, que una vez devuelta puede dar la sensación que *luces del más allá* aparecen en estos lugares, creando determinada sensación de miedo sobre todo cuando se transita a pie, de noche y en solitario por esos lugares.

Por supuesto, no hay nada de fantasmal ni de sobrenatural en esto, pero en los momentos acabados de narrar es muy difícil sustraerse a esa sensación. También la materia orgánica en descomposición puede producir efectos luminosos semejantes cuando se encuentra a la intemperie o enterrada a poca profundidad, en lo que puede dar en llamarse *fuegos fatuos*. De acuerdo con esto, en los cementerios podría darse también este fenómeno. Pero como la noche se ha hecho para dormir según las leyes de la naturaleza, no aconsejamos a nadie que ande desperdigado por zonas perdidas, oscuras e inhóspitas, porque puede sentir las mismas sensaciones que nuestros ancestros cuando se veían forzados a viajar solos por parajes despoblados a altas horas de la noche; pero ellos tenían que hacerlo, porque formaba parte de su trabajo o de la forma de vida que estaban obligados a llevar, nosotros, pienso que no.

Si bien el hecho de la luz emanado de los materiales fosfóricos de la materia orgánica origina temor en la oscuridad, este es quien comenzó la larga carrera de los *fósforos* o *cerillas* para facilitar, de una vez y por todas, eliminar los excesivos esfuerzos necesarios para encender fuego, que no eran pocos y muy trabajosos, sobre todo en la antigüedad, al extremo que a veces era preferible mantener y cuidar el fuego que encenderlo de nuevo. En esto el fósforo tuvo un papel primordial, al extremo que en muchos países se les sigue llamando *fósforos* a las cerillas.

En esto tuvo que ver algo el ingenio práctico de algunos ingleses, aunque repetimos, el lugar del descubrimiento del fósforo fue en Alemania, pero lo cierto es que en épocas de Robert Boyle e Isaac Newton, una vez que el secreto no estuvo bien guardado, algunos cerebros avispados se percataron de que este entraba en combustión por simple fricción, sin ningún medio externo de calentamiento, y ahí comenzó la carrera por producir este invento fantástico y la posterior adición de otros componentes, como el azufre, de hecho ya mil años antes conocido por los chinos, y el clorato de potasio, material explosivo dado el altos nivel de oxidación del cloro, también actualmente parafina y una astilla de madera, o papel parafinado para que se mantenga la combustión. De hecho, el fósforo es el que le da su color rojo a su cabeza y el que permite su ignición, aunque actualmente en muchos casos este está impregnado sobre una fina tira pegada a la caja.

En nuestros tiempos otros medios más fáciles y prácticos han facilitado el proceso de ignición, como los mecheros de gas y sobre todo otras formas de equipamiento domestico, como cocinas de gas con encendedores eléctricos automáticos, muy prácticas para evitar incendios. También el empleo de cocinas eléctricas, de vitrocerámica, inducción, calentamiento por microondas, etc. ha determinado el decaimiento de este singular invento. De todas formas, las cerillas aún siguen existiendo negándose a perecer o ser olvidadas por el tiempo, y sobre todo quedará por siempre como imagen imborrable la de los héroes de la era dorada del cine de Hollywod, encendiendo los fósforos con la suela de sus zapatos, ¡vaya imagen para la historia!

Quizás con lo tratado hasta ahora sobre el fósforo pueda pensarse que este agotó sus propiedades y que todo continuó con experimentos fantásticos de las sales del elemento fosforescente y poco más, pero la historia no es solo esta, el fósforo guardaba sus secretos más importantes, aquellos que tienen que ver con la vida vegetal y animal y por supuesto, el ser humano.

Era de suponer que si el fósforo se podía obtener de la orina este se encontraba en el cuerpo humano y debía de ejecutar alguna función, pero especulando un poco más, ¿de donde venía el fósforo acumulado en el cuerpo humano o animal? Claro, debía estar contenido en los alimentos que consume el hombre de origen animal o vegetal, y como los últimos mencionados constituyen la base de la cadena alimenticia, era de suponer que estos lo extrajeran de alguna parte, quizás los suelos, lo cual indicaba que las plantas necesitaban este elemento para poderse desarrollar y que este debía encontrarse en la tierra en determinada forma y proporción.

Y efectivamente, el fósforo es muy necesario para el desarrollo de las plantas y juega un importante rol en procesos vitales de estas. como la fotosíntesis al actuar como transportador de nutrientes y de energía, también en las células de las plantas, de manera que las que crecen en terrenos faltos de fósforo lo harán raquíticas, demorarán en producir frutos y estos serán de baja calidad, el color de las hojas se verá afectado por las dificultades en llevar a cabo la fotosíntesis y también las flores aparecerán lánguidas y marchitas.

Lo anterior explica el que uno de los elementos básicos integrante de los abonos minerales lo sea el fósforo en la conocida combinación NPK (nitrógeno, fósforo y potasio). Un elemento adicional, es que todo el fósforo que pueda estar acumulado en el terreno no es asimilable, sobre todo cuando estos son muy ácidos o alcalinos las plantas presentan dificultades para asimilarlo del suelo.

Hoy día el fósforo está considerado como uno de los 17 nutrientes indispensables para el crecimiento de las plantas.

Como todos los minerales, el fósforo es asimilado por las plantas a través de sus raíces, de donde es transportado a las partes superiores de estas en forma de iones fosfato e hidrogenofosfato, y después se incorpora a su metabolismo en forma de ácidos nucleicos, fosfolípidos, y ATP (adenosintrifosfato) - sustancia con alto valor energético -, entre otras. De esta manera el fósforo se ve disponible para múltiples funciones vegetativas en el ciclo vital de las plantas.

Antes de continuar es preciso reflexionar y realizar un pequeño aparte, pues de la misma forma que el fósforo es imprescindible para el crecimiento y desarrollo de las plantas, un variado grupo de compuestos organofosforados se emplean como plaguicidas para protegerlas de insectos u otros organismos dañinos.

Los plaguicidas organofosforados son sustancias orgánicas derivadas del ácido fosfórico, ellas a la par que juegan un aspecto positivo en los cultivos, acarrean consigo otro mal, pues estos compuestos son generalmente muy tóxicos para el ser humano, el que se ve expuesto a ellos por diferentes vías: en las labores de aplicación por parte de los agricultores, pues pueden absorberse por la piel, cualquier ingestión por descuido resulta fatal y porque los residuos se convierten en peligrosos contaminantes del medio ambiente: el aire y las aguas, y pueden incluso acompañar a las hortalizas y frutales que llegan a nuestra mesa, por lo que siempre deben lavarse, independientemente de las medidas preventivas que puedan tomar los agricultores al respecto.

Cualquier medida de protección adicional ante los compuestos organofosforados nunca está de más, y es mejor excederse en las mismas a que estas sean insuficientes, pues las consecuencias pueden llegar a ser fatales y por supuesto, más que todo, mantener estos productos bajo un estricto control alejado de los niños.

Como el fósforo esta contenido en las plantas, los animales que lo consumen lo integran en su organismo, así como el ser humano, bien por la vía de ingerir alimentos vegetales, o animales. En el organismo humano la función del fósforo es muy diversa, desde participar activamente en los procesos de oxidación celular, formar parte del ADN (ácido desoxirribonucleico) y el ARN (ácido ribonucleico), entre otras.

Un ciclo muy importante para le vida es el llamado *"Ciclo de Krebs"* que explica el proceso de respiración celular, donde la energía almacenada en el *acetil-coa* correspondiente a azúcares y almidones, es transformada en dióxido de carbono y ATP, que es una molécula con alto contenido energético.

Los trabajos del bioquímico alemán Hans Krebs en relación con el ciclo que lleva su nombre, le hicieron merecedor del premio Nóbel de medicina en 1953, aunque había descubierto este ciclo en 1937. Por la complejidad de todo este mecanismo, hubo otros científicos que con anterioridad hicieron aportes sustantivos para poder esclarecer los mecanismos moleculares que lo integran.

El fósforo en el organismo humano además de su papel estructural en la formación del tejido óseo y dental, desarrolla otras múltiples funciones, como participar en la producción de proteínas y en el funcionamiento de células y tejidos, respectivamente. Por esta razón se encuentra presente en muchos sistemas y partes del cuerpo, no solo en los huesos, sino también en los músculos, la sangre y en el sistema nervioso.

El fósforo representa aproximadamente el 1% del contenido del cuerpo humano y es uno de los elementos que se encuentran en mayor cuantía (se calcula que el segundo) por lo que es imprescindible su suministro sistemático al organismo.

El consumo de fósforo medio por las personas está en función de la edad, aumentando desde los primeros años hasta aproximadamente los 18 en que alcanza la adultez. En este momento el consumo debe ser alrededor de los 1200 mg, más tarde este puede disminuir hasta aproximadamente los 700 mg.

Actualmente, más que la preocupación de si ingerimos el fósforo suficiente, debemos replantearnos de si estamos consumiendo cantidades en exceso, motivado por el alto consumo de productos elaborados y preelaborados donde este puede encontrase en proporción significativa. Este exceso puede resultar perjudicial para la salud, sobre todo para el funcionamiento de los riñones en las personas de mayor edad. El contenido medio de fósforo en sangre se encuentra entre 2,5-4,5 mg/dL, por lo que en pruebas analíticas debe estarse atento a este parámetro.

Los alimentos que mayor contenido de fósforo contienen son las carnes, incluyendo el pescado, las aves, los huevos, principalmente la yema, la leche y sus derivados, así como semillas entre las que destacan: avellanas, maní, frijoles etc.

En resumen, aquel elemento que fue descubierto de manera casual por los alquimistas a partir de la orina, no solo está relacionado con la luz fosforescente, sino con los mecanismos fundamentales de la vida vegetal y animal, y por supuesto del ser humano. ¡Vaya elemento, este, el del número 15!

CAPÍTULO XVI

Nitrógeno, elególatra de los elementos químicos

Átomo de Nitrógeno

Si quisiéramos dar un calificativo apropiado al nitrógeno, este a nuestro juicio no sería el que le dieron sus descubridores cuando lo bautizaron con el nombre de *ázoe*, que no permite la vida, pues en definitiva este gas la permite, pasa de ella y es más, forma parte de la vida. Claro está, ellos se referían al proceso de la respiración porque indudablemente no es un gas respirable y por consiguiente los animales no pueden vivir bajo una atmósfera formada por este solo elemento. Más bien, observándolo atentamente pudiéramos calificarlo como *ególatra*, indiferente, individualista, pues pasa de todo y de todos en virtud a su considerable estabilidad, dada nada más y nada menos que por sus triples enlaces.

Pues sí, la molécula de nitrógeno (N_2) presenta una fuerte unión entre sus átomos, no por uno sino por tres enlaces, y si difícil es romper uno, como será con tres, y esto hace que su energía de disociación sea la mayor de todas las moléculas gaseosas y alcanza una magnitud tan alta como 943,8 kJ/mol, mientras, que por ejemplo, la del oxígeno con doble enlace es 249,4 kJ/mol y la del flúor con un simple enlace: 143 kJ/mol. En otras palabras, romper estos enlaces para que el nitrógeno reaccione químicamente requiere de un esfuerzo energético considerable.

Prácticamente el nitrógeno se comporta como un gas inerte, y de semejante forma en estado líquido, por lo que puede emplearse como conservante de muestras de ADN, órganos, etc. que no sufren ningún tipo de descomposición, pues las bacterias inmersas en este gas, sobre todo cuando se conjugan las propiedades inertes y las bajas temperaturas, no tienen la más mínima posibilidad de vivir, desarrollarse o procrear.

Visto lo anterior, estamos en presencia de un elemento que sin ser gas noble, se comporta como si lo fuera, aunque no exageremos, porque siempre ha formado compuestos, ¡y que compuestos!, los más importantes y complejos para la vida: *las proteínas*, que son polímeros de los aminoácidos, en cada uno de los cuales se halla presente el nitrógeno.

Pero ¿cómo hacer para que los átomos de nitrógeno puedan

formar la materia viva, si están tan fuertemente unidos en su molécula?

Antes de responder a la pregunta hay que valorar, además, que los minerales conteniendo nitrógeno son muy escasos, básicamente antes que pudiesen encontrarse métodos industriales adecuados para la obtención de fertilizantes nitrogenados solo se extraían unas sales conocidas como "Nitro de Chile", también se le conoce como *salitre*, cuyos yacimientos principales se encontraban en ese país y constituían la única fuente explotable para ser empleados como abono o fertilizante para las plantas, pues a todo esto hay que sumar que estas lo necesitan para su crecimiento.

El nitro o salitre de Chile está formado por una mezcla de nitratos de sodio y de potasio, conjuntamente con sales de sodio, calcio, etc. El mineral era comúnmente conocido como "*caliche*", y constituyó un fuerte monopolio durante todo el siglo XIX y principios del XX, hasta tanto se obtuvo por primera vez amoníaco sintético. Este nombre, aunque en desuso aún es posible encontrarlo en algunas fuentes bibliográficas clásicas.

Entonces, conocemos que en algunos lugares del planeta hay yacimientos limitados de compuestos de nitrógeno, formados principalmente por nitratos de sodio y de potasio, y permítannos un breve comentario, el de no olvidar que los nitratos son sustancias fuertemente explosivas y su manejo inadecuado puede traer fatales consecuencias, por lo que en muchos países se encuentra estrictamente controlado y normado su empleo, al margen de su uso como fertilizante.

¿Pero de dónde podrían extraer el nitrógeno las plantas para poder desarrollarse? Esta pregunta fue una pesadilla para los agricultores de épocas pasadas que veían como sus cultivos iban decayendo en productividad a medida que los suelos iban perdiendo este elemento, de cosecha en cosecha, hasta convertirse en suelos áridos y baldíos, y esto efectivamente ocurría y podría detener el desarrollo de la humanidad como pronosticaba el economista inglés Thomas Malthus, quien predicaba que el crecimiento de la población humana ocurría en forma de progresión geométrica y el de la producción de alimentos de forma aritmética, con lo que se avecinaba de forma inminente una hambruna mundial; y así hubiese ocurrido si el intelecto y la voluntad del hombre se hubiese mantenido indiferente, como lo hacía el nitrógeno que no se asociaba, ni reaccionaba con nadie, pese a ser el gas más abundante de la atmósfera donde se encuentra en más de las tres cuartas partes.

Comenzó así a finales del siglo XIX y principios del XX una vertiginosa, loca y titánica carrera por encontrar formas de vencer la fuerte inercia energética del nitrógeno, romper sus enlaces y obtener compuestos para una agricultura decante, en peligro de estancarse y hasta retroceder.

Un hecho relevante en la posibilidad de suministrar nitrógeno a los suelos se presentó con un grupo de bacterias llamadas *nitrificantes*, las cuales forman nódulos en las raíces de las leguminosas y son capaces, por mecanismos propios de su metabolismo, de fijar el nitrógeno molecular que luego es suministrado a las plantas, con las que viven en simbiosis. Esto se manifestó como una magnífica colaboración entre plantas y bacterias que dio cierto respiro a los agricultores, pues las leguminosas, una vez cesada la cosecha, devolvían a la tierra cierta cantidad de nitrógeno remanente, de manera que mediante una rotación adecuada de cultivos, los terrenos no se veían tan expuestos a la aridez, pero esto no era suficiente.

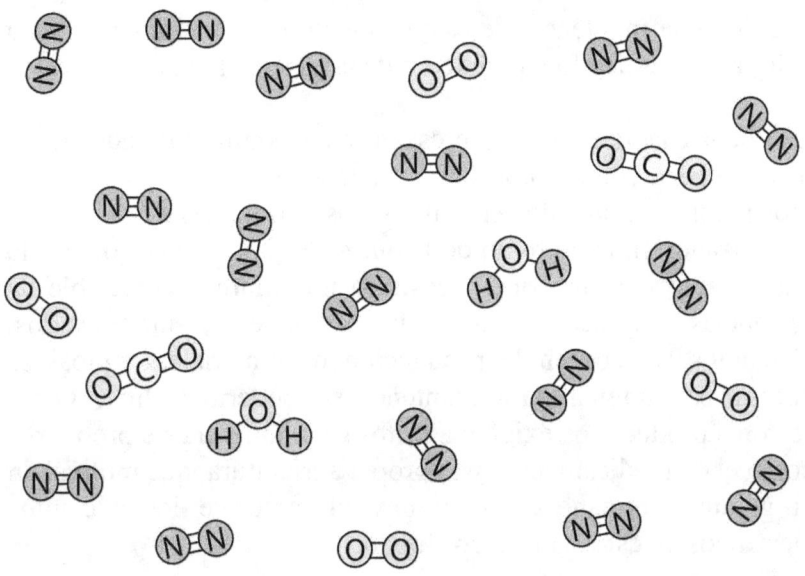

Moléculas de los gases que integran la atmósfera. Prevalece el nitrógeno

Era de suponer que el principal elemento a elegir para reaccionar con el nitrógeno debía ser el oxígeno, dada su elevada reactividad y electronegatividad, lo que se pudiese traducir en que fuese capaz de arrancar electrones al nitrógeno o romper sus fuertes enlaces. Este hecho está demás decir que no puede realizarse a temperatura ambiente por cuanto ambos gases coexisten en la atmósfera y no reaccionan entre sí, por lo cual era necesario entonces recurrir a temperaturas extraordinariamente elevadas, hecho que se puso en práctica a principios del siglo XX, pero la reacción necesitaba tal cantidad de energía y el auxilio de la electricidad, que se hacía preciso encontrar fuentes de suministro muy elevadas, y nada mejor que para ello las instalaciones hidroeléctricas noruegas que producían suficiente energía eléctrica a bajo costo.

Sin embargo, muy pocos países tenían acceso a fuentes baratas de energía eléctrica, por lo que esto no era la solución al problema, pero sí constituía un hecho prometedor el haber encontrado alguna vía para romper los enlaces del, hasta ahora, inerte nitrógeno. Comenzaba a verse amenazada la inercia química y la indolencia de este elemento cuya *indolencia* hacía peligrar el desarrollo y evolución de la especie humana.

Una de las naciones más interesadas en encontrar vías adecuadas para obtener compuestos del nitrógeno era Alemania, que en esos precisos momentos era uno de los países más desarrollados y avanzados en el dominio de la química, y por supuesto, poseía una pujante industria que necesitaba un volumen apreciable de sustancias químicas, entre ellas compuestos nitrogenados, elementos básicos en la producción de materiales explosivos necesarios también para mantener su poderío militar. Otros sectores productivos exigían a gritos soluciones a este problema, como el de medicamentos y la propia agricultura, que motivaban al gigante germano a estar muy al tanto de los adelantos científicos en este neurálgico campo.

Atendiendo a todo lo anterior, los científicos alemanes se pusieron manos a la obra y como que en un proyecto de tal envergadura se precisaban conocimientos, no solo de la química, sino también del equipamiento y de los procesos industriales. Dos especialistas unieron sus esfuerzos: Carl Bosch y Fritz Haber para lograr mediante presiones y temperaturas relativamente elevadas, así como con el empleo de catalizadores específicos, someter al nitrógeno a reaccionar, y no con el violento oxígeno, sino con uno de menor electronegatividad: el hidrógeno y así obtener el amoníaco (NH_3), mediante el proceso denominado en lo adelante *Haber-Bosch* en honor a los científicos de referencia, y esto ocurrió en 1914 en el preámbulo de la Primera Guerra Mundial.

Esta demás decir que ante el bloqueo a que fue sometida Alemania durante la guerra, aquello constituyó un respiro y propició que tuviese acceso a los materiales explosivos necesarios para resistir la desgastadora contienda bélica.

Una vez concluida la guerra, el proceso de obtención de amoníaco se extendió por todo el mundo, por lo que hoy se hallan en funcionamientos grandes y complejas instalaciones industriales de este tipo distribuidas por todos los continentes, principalmente en los países desarrollados.

Las condiciones para llevar a cabo el proceso *Haber-Bosch* requieren de temperaturas cercanas a los 500 °C y presiones de más de 200 at, así como catalizadores metálicos de hierro y otros elementos, aunque actualmente se dispone de una amplia variedad de ellos.

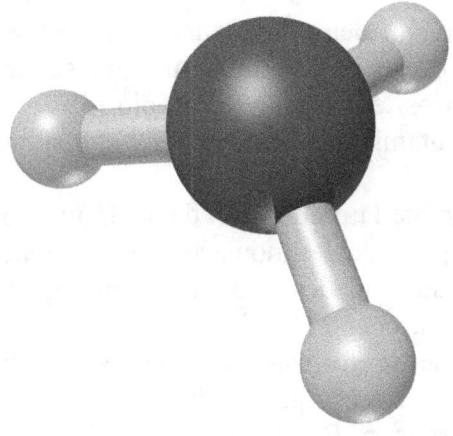

Molécula de Amoníaco

Solo así, sometido a esas drásticas condiciones, el nitrógeno molecular, el *ególatra*, indiferente e individualista elemento, fue capaz de romper sus enlaces y unirse con el hidrógeno, el más pequeño de todos los elementos químicos, para formar una sustancia de la cual por posterior oxidación se obtienen numerosos productos para la industria química, los fertilizantes, y por desgracia para la industria de los explosivos, aunque estos también se pueden emplear de forma pacífica y no como materiales de guerra. En el campo de los fertilizantes actualmente se conocen y fabrican muchos de ellos, como la urea, el nitrato y sulfato de amonio, entre otros, así como formulaciones del tipo NPK que no son más que mezclas de compuestos de nitrógeno, fósforo y potasio, elementos básicos para el metabolismo de las plantas y la producción de alimentos.

Con esto quedaban superadas las fatalistas predicciones de

Malthus, y la humanidad, y la producción de alimentos emparejaban el crecimiento geométrico, como vemos ahora por el crecimiento paralelo de ambas en todo el mundo.

Sin embargo, todas no son buenas noticias, las sales de nitrógeno y de otros fertilizantes no solo mejoran los cultivos, también acarrean otras consecuencias. Es muy difícil suministrar con exactitud los productos de este tipo que verdaderamente necesiten las plantas, por lo que puede ser común su sobreempleo y que queden cantidades remanentes en los terrenos con exceso de los mismos, que pueden a ser arrastrados con la lluvia hacia ríos, embalses y el propio medio marítimo, convirtiéndose en contaminantes nocivos pare el hombre.

Además de esto, durante la producción de ácido nítrico (HNO_3) en las fábricas a partir del amoniaco, se desprenden a la atmósfera apreciables cantidades de óxidos de nitrógeno tóxicos, como el dióxido de nitrógeno (NO_2), entre otros, pues de entre todos los óxidos que se forman solo uno es inofensivo: el famoso gas hilarante, esto es, que nos hace provocar la risa, el monóxido de dinitrógeno (N_2O), pero los demás, todo lo contrario, nada de alegría, sino de males.

Los compuestos nitrogenados que llegan al hombre a través de variadas maneras como contaminantes tienen efectos adversos sobre el organismo humano afectando diferentes funciones, entre ellas la disminución del transporte de oxígeno por cuanto interactúan con la hemoglobina de la sangre, afectan la glándula tiroides y también el almacenamiento de algunas vitaminas, entre otros.

Como ven, nuestro amigo el nitrógeno siempre se guarda un haz en la manga, sin contar con las no muy frecuentes - pero que han ocurrido - violentas explosiones en almacenamientos de nitratos, en los materiales e instalaciones de fuegos artificiales, que emplean nitratos y como no, desafortunadamente como material beligerante.

El nitrógeno se ha visto obligado a develar sus secretos, a

permitir que el hombre lo haya obligado a participar en reacciones químicas controladas, pero a cambio ha exigido que los materiales que se obtienen mantengan esa alta capacidad energética, la misma que se empleó para romper sus enlaces, que almacena en su estructura, y que si no se anda con cuidado es capaz de devolver, y de una forma violenta.

CAPÍTULO XVII

El Mercurio, perverso elixir para la vida eterna

Puede que se exagere, pero es mejor prevenir que lamentar

De los elementos metálicos, el mercurio puede considerarse como el más singular de todos ellos, con una densidad más alta que la del plomo y una masa atómica muy significativa. Su principal peculiaridad está en que se presenta normalmente en estado líquido a temperatura ambiente y a otras mucho menores. Se solidifica (temperatura de fusión) solo a −39 °C lo que justificó su empleo durante siglos para medir la temperatura en un amplio rango en base a su pronunciada dilatación térmica.

Fue llamado por los antiguos plata líquida, dado su color blanco plateado, también *hidrargiro* de donde deriva su símbolo (Hg). Fue tan preciado en aquellos tiempos que algunos faraones lo llevaron en sus tumbas para que los acompañaran en su largo viaje a la resurrección, pero sobre todo en China, en gran cantidad en el enorme mausoleo de Qin Chi Wang, el "Primer Emperador", quien lo adoró tanto que sucumbió a sus encantos, tomó capsulas conteniendo este pesado metal y en vez de alejar la muerte la acercó tanto, que no llegó a alcanzar los cincuenta años de edad.

El mercurio fue valorado en mezoamérica en épocas anteriores a las conquistas, donde se han encontrado sitios arqueológicos con cantidades apreciables, también en Grecia, Roma y en fin, todo lo que huela a antigüedad está salpicado de mercurio, y también, por supuesto la época de los alquimistas, que lo emplearon de forma desmedida en busca de la piedra filosofal y del elixir de la vida eterna, también hacían lo imposible por convertirlo en oro, pero nada de esto lograron y si alguna que otra intoxicación, aunque no están registradas.

La fatídica atracción al mercurio causó la muerte prematura de muchas personas fervientes creyentes de sus "propiedades sobrenaturales", pues es un metal tóxico dado por su levada densidad, que dificulta su evacuación del cuerpo humano, así como por los vapores que despide, en su condición de sustancia líquida.

Posee una afinidad manifiesta por el oro, con el que se alea formando una de las tantas amalgamas semejantes a las que se obtienen con otros metales y que constituye una de las formas más sencillas de separarlo de sus impurezas; aún hoy en día se sigue empleando como método para obtención del áureo metal. Esta amalgama constituye un triste y doloroso recuerdo de la conquista y colonización de América, pues los nativos fueron obligados a trabajar en sus minas donde sucumbían a los pocos años, dada la toxicidad del metal. Pero los reyes y la nobleza necesitaban oro y quien mejor que los esclavizados aborígenes para obtener y extraer el metal dorado portador de riquezas, para sufragar lujos, caprichos y guerras, pues no trajo nada de desarrollo técnico o cultural a las naciones conquistadoras. Cada gramo de oro llegado a Europa procedente de las América está manchado con la sangre de esos infelices, a quienes aún no ha echo justicia, al menos histórica, o en el recuerdo.

No solo con el oro el mercurio formó una amalgama inestimable para los conquistadores, sino también con la plata. En la incursión de los españoles por las cordilleras de los Andes se encontraron ante ellos un fenómeno que puede que nunca se haya dado, ni se vuelva a dar en la historia de la humanidad, pero que al menos si se dio en aquel entonces. Ante sus ojos apareció brillante, deslumbrante, una montaña de plata, cuyo valor era incalculable. Como es conocido, la región andina es una zona de amplia actividad sísmica y volcánica sujeta a los más inusuales fenómenos geológicos, y uno de ellos fue este, una montaña plateada en lo que fue en llamarse Potosí y sus minas fueron famosas durante cientos de años.

La extracción inicial de la plata, prácticamente pura, no causó ningún obstáculo a los mineros castellanos, pero una vez pasada la superficie, los minerales subyacentes se encontraban combinados y menos ricos en plata, de manera que acudieron, como era natural, al *"mensajero de los dioses"*: Mercurio, pero ni este lograba separar el plateado metal, y durante algún tiempo los resultados fueron nulos e infructuosos. No había forma de liberar el preciado metal de sus minerales y durante mucho tiempo todos los esfuerzos realizados terminaron en el fracaso; hasta que un minero con experiencia y talento, venido de la metrópoli, logró, añadiendo cobre en forma de alumbre (Sulfato cúprico: $CuSO_4$) a la mezcla, obtener el efecto deseado para que la plata saliese amalgamada con el mercurio, y después por calentamiento destilarlo para que esta se obtuviese en estado puro. Claro, este trabajo de destilación se hacía en un ambiente cargado de vapores de mercurio, que de una forma lenta intoxicaba a los presentes, no solo a los indios cautivos y esclavizados, sino también a los operarios españoles y los propios maestros metalúrgicos.

¿Pero de dónde podía salir tanto mercurio para amalgamar las considerables cantidades de oro y plata de las Américas? La solución fueron las minas de Almadén en Ciudad Real (Castilla la Mancha), España, famosas por sus enormes reservas de mercurio y que fueron capaces de suministrar todo el metal necesario para la extracción de oro y plata en el nuevo mundo, de manera que del viejo continente salían constantemente barcos repletos de mercurio y regresaban después cargados de oro y plata del nuevo continente. ¡Vaya intercambio lucrativo, pero para una sola parte!

Las minas de Almadén son consideradas las más importantes del mundo y han estado suministrando mercurio desde la antigüedad hasta su cierre reciente, no por que esté agotado el mineral, sino por las drásticas medidas de la Unión Europea, dado el efecto tóxico del mercurio, en la acertada política que se viene llevando para proteger a las personas y el medio ambiente de contaminantes nocivos, y el mercurio lo es. Estas minas cesaron de extraer mineral en el año 2002, pero se considera que de cada cinco átomos de mercurio que han circulado por el mundo, cuatro provienen de estas antiguas instalaciones mineras.

El mineral extraído en las minas de Almadén fue el cinabrio (HgS), de un color rojo bermellón. Durante una parte de su historia estuvieron siendo explotadas por la dominación árabe hasta la liberación de la ciudad por los castellanos en el siglo XII. El mineral sulfuroso era calcinado (tostado) por reacción con el oxígeno del aire quedando el mercurio libre según:

$$HgS + O_2 \rightarrow Hg + SO_2$$

El proceso es relativamente sencillo, pero el nivel de contaminación es alto, pues también el SO_2 es un gas que afecta el sistema respiratorio como fuente de ácido sulfúrico, por lo que su explotación estuvo relacionada, primero con mano de obra esclavizada y después con el de reos penitenciarios, de ahí la existencia de una cárcel en la localidad hasta principios del siglo XIX.

Actualmente un numeroso grupo de países, además de España, han dejado de producir mercurio de acuerdo a las exigencias de gobiernos e instituciones internacionales, dado el peligro de toxicidad del mercurio, además, muchos compuestos mercuriales han salido de circulación por estos motivos, incluyendo su empleo en equipos de medición: termómetros y manómetros, y su no uso actual para producir baterías eléctricas, todo lo cual abarató el precio del mercurio y contribuyó con las medidas prohibitivas al cese de la producción de este metal, aunque países como China lo siguen produciendo en la actualidad.

Pero ¿qué culpa se le puede achacar al mercurio, que fue usado por el hombre a su antojo bajo creencias y supersticiones, hasta que con el tiempo fue poco a poco develando sus misterios, esto es sus propiedades? ¿Bajo que preceptos puede ser condenado? Será necesario entonces hablar algo sobre el metal y sus propiedades.

El que el mercurio haya tenido tanto uso e importancia a lo largo de la historia no significa que su abundancia sea significativa, pues ocupa el lugar 67 muy por detrás de otros elementos mucho menos conocidos.

Del mercurio hoy podemos decir que es el elemento número 80 del sistema periódico, un pesado elemento de transición con una elevada masa atómica de 200,59 u

Se encuentra distribuido en todo el mundo, principalmente como sulfuro, formando un mineral de color rojo intenso que como hemos señalado, recibe el nombre de cinabrio, del que se obtiene fácilmente por calcinación, incluso de su óxido se separaba fácilmente por débil calentamiento y en pequeña cantidad en un tubo de ensayos, lo que es o fue un clásico experimento de laboratorio escolar, en el que al final se veían las finas góticas de mercurio condensado en la parte superior del tubo.

Hay otro tipo importante de amalgamas que forma el mercurio, en este caso con el estaño, que tuvo gran importancia por su uso en estomatología - ahora se emplean otras técnicas y materiales - pero en tiempos cercanos era el material básico para el empaste de los dientes molares, y era raro ver a alguien que hubiese pasado por el dentista que no mostrase empastes de este tipo, altamente duraderos y que machacaban cualquier tipo de alimento, independientemente de lo duro o elástico que fuese.

Con todas las medidas que se han tomado para limitar los usos del mercurio, dado su carácter tóxico, esta práctica ha disminuido, aunque no en todos los países, pues algunos aún no tienen los recursos suficientes para acceder a otro tipo de cemento dental. De todas formas, estas prácticas no son tan antiguas y muchas personas que aún cuentan con ese tipo de empaste recuerdan la delicada labor de las auxiliares dentales para amalgamar en un mortero aquel tipo de empaste, y por supuesto evitar que se secara antes de usarlo. En este tipo de empastes también se podían emplear otros metales como plata y cobre, por los que el mercurio siente especial predilección, además del oro, su especialidad.

La química del mercurio presenta similar complejidad que la de los demás elementos de transición por cuanto el mercurio también lo es. Se encuentra ubicado en el grupo XII del sistema periódico conjuntamente con el zinc (Zn) y el cadmio (Cd) con los que guarda relación, este último también se caracteriza por su toxicidad. Es mucho más electronegativo que sus compañeros de grupo (1,9), lo que explica su inercia química como metal y su estabilidad, que ha permitido su uso en instrumentos de medición, ¡y que instrumentos! Uno de ellos nada más y nada menos que los termómetros clínicos de mercurio que hasta hace poco eran de uso común en casas, clínicas y hospitales, y que aún se emplean en algunos países.

La electronegatividad del mercurio coincide con la del cobre, que se encuentra en el grupo XI, que también incluye la plata y el oro y hacen que entre ellos se manifiesten propiedades muy semejantes. Es de recordar que en los metales de transición las propiedades de los grupos contiguos muestran una relativa semejanza, a diferencia de los elementos de transición, donde las propiedades se diferencian mucho de un grupo a otro.

En esencia, el que los metales de transición muestren semejanzas de propiedades entre si, radica en que los electrones que se adicionan en su envoltura lo hacen en los llamados orbitales "d" y no en las de enlace "s" y "p". De esta forma, para el mercurio de número atómico 80 la distribución electrónica de forma abreviada es: [Xe] $4f14\ 5d10\ 6s^2$, mientras que para el oro, con número atómico 79 es: [Xe] $4f14\ 5d9\ 6s^2$. Como es de entender [Xe] representa distribución del gas noble xenón. Se puede observar que en la capa externa 6s tienen el mismo número de electrones de simetría orbital "s".

Un análisis desde el punto de vista electroquímico lo ubica como un metal noble con potencial redox para el par $Hg2+/Hg$ de + 0,85 V.

Las valencias con las que más trabaja este elemento son la 1 y la 2 que se corresponden también con sus números de oxidación +1 y +2 como se puede observar en compuestos comunes tales como: HgS, HgO, llamados sulfuro de mercurio (II) y óxido de mercurio (II), respectivamente. En el estado de oxidación +1 lo encontramos en compuestos como el Hg_2Cl_2 conocido como cloruro de mercurio o calomel.

Un aspecto relevante del mercurio desde el punto de vista físico es que por su elevada densidad permitió desarrollar vías y equipos para medir la presión atmosférica, pues en un tubo de vidrio sellado al vacío él asciende una altura de 760 mm (1 at); y esto durante mucho tiempo fue lo que definió las unidades de presión, de manera que se entendía que la presión normal era 1 at, equivalente a 760 mm de Hg. Claro, en los fenómenos atmosféricos nos encontramos que un ciclón tropical es definido como un centro de bajas presiones y su intensidad guarda cierta relación con la presión de la atmósfera en ese lugar, que es mucho menor de 1 at. Por el contrario, los anticiclones son centros de altas presiones donde esta es mayor de 1 at.

La invención del barómetro (equipo para medir la presión) se debió al físico florentino Evangelista Torricelli que fue quien ensayó con tubos de vidrio para calcular la altura que alcanzaba el mercurio por efecto de la presión de la atmósfera. Este experimento se hizo famoso así como su autor, de manera que este recibió el nombre de *"experimento de Torricelli"*, pero eso fue hace mucho tiempo, en 1643. El ingenio de Torricelli en este experimento radica en que escogió el líquido adecuado: el mercurio por su alta densidad (13,534 g/cm^3), la más alta de entre todos los líquidos existentes, porque de ser menor, en la misma proporción debía ser mayor la altura del tubo, y para el caso del agua esta podría ser superior a los 10 m, ¡vaya altura, como la de un edificio de tres plantas!

Resulta así, que el malévolo mercurio que se *"cargó"* o llevó a la tumba a faraones, reyes y emperadores obsesionados con la vida eterna, también mostró su lado bueno, de utilidad para el hombre, y si bien lo primero fue acortar la vida de las personas con quienes se relacionaba, incluyendo algún que otro alquimista y los hombres de las minas, es de imaginar cuantas vidas salvó con los termómetros que permitieron medir el estado febril de los pacientes y tomar prontas medidas para aplacar la enfermedad.

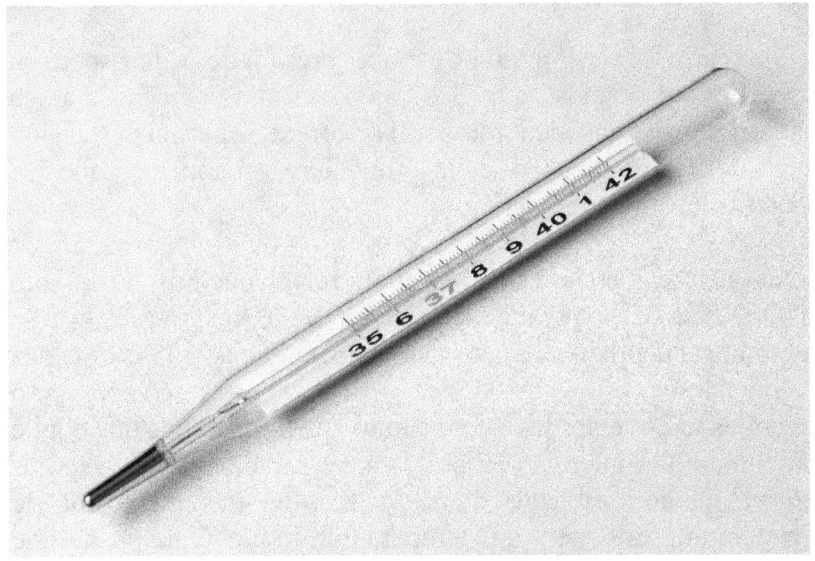

Termómetro de mercurio

¿Pero qué se le achaca al mercurio para que este listo para condena?

Los delitos son muchos y la pena podría ser el *ostracismo*, aunque este tipo de sanción esté condenada por los derechos inalienables del hombre, pero no es para tanto, recordemos que el mercurio no es un ser humano, aunque a veces en este libro se personalicen algunos elementos como si lo fueran, pero esos son solo metáforas, la realidad puede ser, o es bien distinta.

Las propias propiedades físicas que hicieron que el mercurio adquiriera la relevancia que tuvo hasta ahora, su alta densidad, y su estado líquido único, y por consiguiente su baja presión de vapor en relación con los demás metales, son los que ahora se vuelven en su contra.

La alta densidad del mercurio lo hace incluirse entre los metales pesados causantes de daños al organismo, como otros elementos con similares características, tal es el caso del plomo también condenado por esta misma causa, pero al tratarse de un sólido, su presión de vapor es muy baja y su efecto contaminante puede ser menor.

El mercurio, al ser líquido posee una presión de vapor sobre su superficie motivada que los átomos más cercanos a su superficie, que pueden romper la barrera superficial (tensión superficial) y escapar a la atmósfera, fenómeno que se incrementa con la temperatura.

¡Que su presión de vapor es alta!, realmente no, es de solo 0,0002 Pa a su temperatura de fusión (-39 °C), claro está, esta se incrementa con la temperatura, de manera que a 357° C es capaz de igualar la presión atmosférica y pasar al estado de vapor, pero mientras tanto, entre las temperaturas que funde y las que ebulle hay un amplio intervalo en que la concentración de sus vapores en el medio ambiente aumenta con el incremento de la temperatura, esto es, a una temperatura de 20 °C, la presión de vapor del mercurio es de 0,26 Pa, más de mil veces la que tiene a la temperatura de fusión, de ahí su peligro.

De manera que cerca de una fuente abierta de mercurio respiramos sus vapores y estos pasan a nuestro cuerpo, y una vez allí pueden ocasionar un amplio espectro de problemas, como son: disminución de la actividad cognitiva, afectación del sueño, deterioro de la función pulmonar etc., y si la exposición es muy prolongada puede afectar el sistema nervioso central, entre otros males. Es conocido que el promedio de vida de los trabajadores de las minas de mercurio era muy inferior a los de otros que realizaban diversas funciones laborales al aire libre, lo que originó que llegado un momento, las penas en minas hispánicas con reclusos no pasasen de más de diez años, cifra a la que muchos no llegaban, aunque también influían otros factores, como el trabajo intensivo, la falta de medios de protección, alimentación deficiente y los maltratos y vejaciones típicos de la época.

La capacidad de los metales pesados como el mercurio de acumularse en el organismo es también inherente a los peces y otros animales, sobre todo los de mayor supervivencia, como tiburones, atunes, etc. Estos pueden acumular cantidades significativas de mercurio en su tejido graso, al que acceden a través de vertidos en ríos o mares, o arrastrados por las aguas.

En estudios realizados en diferentes puntos del planeta, se han encontrado concentraciones de mercurio en el aire del orden de 0,01-0,02 mg/m^3. Estas cifras supuestamente tenderán a bajar en los próximos años, de acuerdo con todas las medidas que se están tomando por parte de las organizaciones internacionales y también por los gobiernos, encaminadas, no solo a suprimir o disminuir la extracción y producción de mercurio, sino también a limitar su uso que antes era muy amplio; ahora se ha ido eliminado en las pilas y baterías, equipos de medición, amalgamas y aleaciones así como en tubos fluorescentes que están siendo sustituidos por otros tipos de bombillas como las leds, etc.

Quizás llegue un día en que los efectos nocivos del mercurio solo formen parte del olvido, pero en contrapartida, lo que siempre quedará es la hermosa imagen del metal fluyendo lentamente, como un río plateado en un recipiente de cristal, bien en exposición física o imagen digital, porque al fin y al cabo él tiene presencia real en el sistema periódico, es el elemento número 80, un elemento de transición y el único metal líquido a temperatura ambiente.

Aunque lejos quedan los sueños de los alquimistas de convertir el mercurio en oro, los medios técnicos modernos permiten esta transmutación por bombardeo de neutrones, y esto lo realizó el científico japonés Hantaro Nagaoka en 1924, pocos años después que el físico inglés Ernest Rutherford hubiese convertido pequeñas cantidades de nitrógeno en oxigenó mediante bombardeo del primero con partículas alfa (He^{2+}). Esta demás decir que cualquier método de transmutación mediante radiaciones resultaría altamente costoso, por lo que es mejor dejar a los alquimistas tranquilos, sumidos en su sueño y esperanza de convertir el plateado líquido en el amarillo metal, porque al fin y al cabo uno es uno y el otro es otro.

CAPÍTULO XVIII

Los deseables indeseables

Mofeta: preciosa, salvo su olor

En el grupo XVI del sistema periódico, llamado grupo del oxígeno porque es este elemento quien lo encabeza, hay ubicados unos elementos cuyos compuestos orgánicos sobre todo cuando está presente el enlace X-H, tienen un mal olor: fuerte, penetrante y nauseabundo, que puede adherirse a nuestra piel y a la ropa, que aún después de lavada muestra este desagradable efecto. Los compuestos en cuestión son los formados por azufre (S), selenio (Se) y teluro (Te), principalmente los dos últimos. Pero no solamente este efecto se manifiesta en los compuestos orgánicos que estos pueden formar, los hidruros binarios: SH_2, SeH_2 y TeH_2 también lo presentan, y no hemos averiguado si con el polonio (Po), siguiente componente del grupo, ocurre lo mismo, pues este es muy escaso y radiactivo, por lo que pocos son los que trabajan con él.

El compuesto binario de azufre con hidrogeno (sulfuro de hidrógeno, SH_2) es un gas que guarda muy poca semejanza con el que forma el oxígeno, su compañero contiguo superior, el agua, cuyas propiedades todos conocen y que nada tiene que ver con malos olores, al contrario contribuye a través del baño y el lavado (me refiero a lavar, no al mueble de baño) a eliminarlos.

La presencia del SH_2 se detecta de inmediato por el clásico olor a huevo podrido que lo acompaña, independientemente que se encuentre en muy pequeñas concentraciones en el aire, y valga que así sea, pues es considerado un gas fuertemente tóxico y que por supuesto acompaña a los huevos en ese estado.

Por suerte ya deben haber pasado a la historia aquellas marchas analíticas para caracterizar cualitativamente los elementos químicos presentes en una muestra mineral, que contaba en una de las fases del proceso, el ser tratada con este gas para precipitar un grupo de cationes en forma de sulfuros, entre los que se encontraba el hierro, el níquel, el cobalto, etc. Aquellos laboratorios con frecuencia estaban impregnados de este gas, aunque en ese momento se estuviesen haciendo otros análisis de cationes diferentes. Para llegar al laboratorio no había pérdida, sobre todo si estaban trabajando con el SH_2, nuestro olfato nos llevaría directamente hasta allí. Actualmente otras técnicas analíticas instrumentales arriban a resultados más exactos empleando menos cantidad de reactivos y llegando incluso, a la par, a obtener datos cuantitativos sobre la composición de la muestra.

Pero el sulfuro de hidrógeno está presente en otras fuentes de carácter industrial como la destilación del petróleo y otros procesos relacionados. En el gas natural y muchos tipos de hidrocarburos hay concentraciones elevadas de azufre y liberan con frecuencia SH_2 gaseoso durante los procesos químicos a que son sometidos. También está presente en los volcanes, sobre todo activos, que dejan azufre nativo (elemental) en las laderas de sus calderas, tal es el caso del volcán Kawah Ijen en Indonesia, lo que origina que el valioso elemento amarillo se recoja por personas económicamente necesitadas, de forma manual y sin ningún tipo de medios de protección, por lo que se exponen a todos los riesgos de los tóxicos gases sulfhídricos sulfurosos, que en muy pocos años les pasa factura y ¡que factura!, muy superior a la del teléfono y la luz, y se paga con la moneda más valiosa del mundo, una que se llama *vida*.

Otras fuentes de sulfuro de hidrógeno son las aguas negras de los materiales orgánicos en descomposición. En este caso su formación responde a una fermentación anaeróbica (en ausencia de oxígeno) ocasionada por diferentes bacterias sobre la materia orgánica que contiene azufre en su composición, por cuanto el azufre forma parte de algunos aminoácidos, incluso esenciales como la metionina ($HO_2CCH(NH_2)CH_2CH_2SCH_3$), también la cisteína ($C_3H_7NO_2S$). Ambas realizan numerosas funciones metabólicas en el organismo humano y animal. En el primero de los casos el azufre se encuentra unido a los átomos de carbono de la cadena hidrocarbonada, y en el segundo, forma un grupo SH terminal.

La metionina es un intermediario en la formación de importantes productos metabólicos incluyendo fosfolípidos. Fallos en su funcionamiento desencadenan en la ateriosclerosis y en general en las peligrosas enfermedades cardiovasculares, principal causa de muerte en el mundo occidental. También participa en ciclos vegetales de las plantas para formar etileno que incide en la maduración de los frutos. La cisteína, a diferencia de la anterior, es un aminoácido no esencial porque puede ser sintetizado por el organismo humano. Suele participar en importantes reacciones enzimáticas y el grupo SH puede originar, por oxidación, puentes disulfuro (S-S) de extraordinaria importancia en la función estructural de las proteínas.

Es interesante destacar que las uniones S-S de los puentes de disulfuro, constituyen enlaces relativamente largos y de baja energía de disociación, lo que permite su ruptura y formación en múltiples procesos en que participan las proteínas.

Nos referiremos ahora a los mercaptanos, una familia de compuestos organosulforados en que uno de los enlaces del azufre está unido a un átomo de carbono y el otro al hidrógeno. El carbono enlazado puede formar parte de cadenas hidrocarbonadas de diferente tamaño, por lo que se pueden formar numerosos compuestos, todos sin excepción poseen olores muy desagradables, comenzando por el menor de ellos, el metilmercaptano (CH_3SH).

El grupo SH (tiol) en los mercaptanos es análogo al OH de los alcoholes. Si bien el metilmercaptano añadido en pequeñísima cantidad al gas doméstico puede ayudar a detectar si ocurren fugas de estos por su intenso olor, este, no obstante, puede convertirse en una pesadilla para los productores de vinos, pues la más mínima sospecha de una cantidad detectable en estos, puede ser motivo de recechazo de los mismos por los catadores o personal especializado, y no piensen que no puede haber, porque alrededor del 10 % de la materia volátil de los vinos pueden ser mercaptanos de variada naturaleza.

¡Ah! y un dato más, el mal olor de las mofetas se debe a los varios tipos de tioles que emanan de su cuerpo; los que lo han sufrido dicen que este es extremadamente desagradable y si lo absorbe el cuerpo o la ropa de alguna persona, puede hacerla pasar por un perfecto antisocial, enemigo de la higiene.

La concentración máxima de sulfuro de hidrógeno permitida por el cuerpo humano no supera los 300 ppm y su acción incide sobre el sistema nervioso afectando la respiración celular, lo que puede ocasionar un shock y la muerte, y esto de forma muy rápida. A menos concentraciones actúa de forma perjudicial sobre las vías respiratorias y también ataca los ojos, es además un gas inflamable. Todo esto hace que se tenga mucho cuidado cuando el más mínimo olor a huevo podrido llegue hasta nosotros, venga de donde venga.

Azufre Volcánico

Si los compuestos organosulfurados del azufre muestran las desagradables características organolépticas indicadas, sus parientes inferiores en el grupo: selenio y teluro la presentan en mucha mayor medida, a semejanza de los compuestos estudiados del azufre, pero con mucha mayor intensidad. En los laboratorios, ante cualquier mínima cantidad presente, estos se pegan a la piel y la ropa, y permanecen adheridos durante un tiempo prolongado, siendo difícil de eliminarlos.

Hasta ahora todo son defectos para los hidruros y compuestos orgánicos del azufre, el selenio y el teluro, sobre todo para los dos últimos, lo que nos llevaría a calificarlos con el término de *indeseables*, pero en contraposición estos presentan otras propiedades que los hacen ser necesarios y *deseables* para el ser humano, porque hay que recordar que el selenio es un microelemento, considerado un agente reductor que pude prevenir diferentes afecciones, incluso atenuar el envejecimiento. Este se encuentra, aunque en menor medida que el azufre, en las llamadas *aliáceas* un importante grupo de plantas que incluye a especies y vegetales tan valiosos, y de frecuente uso, como el ajo y la cebolla. Precisamente el fuerte olor que sigue a las comidas con estos, incluso en el aliento, es debido a los compuestos de azufre y selenio que contiene. Por consiguiente, lo que es indeseable se puede convertir en deseable, pues el ajo es una alimento funcional y una de las especias con mayores acciones curativas sobre el organismo, y previene una de las enfermedades que más azota a la humanidad: *las cardiovasculares*, por cuanto inhibe la formación de colesterol endógeno, entre otras muchas funciones.

Así, que unos elementos químicos tan normales como el azufre, el selenio y el teluro, pueden resultar en una pesadilla para los seres humanos, sin embargo, el azufre, a su vez, es uno de los elementos más importantes para la vida humana al formar parte de algunos aminoácidos que conforman las proteínas del organismo. También, el selenio es un microelemento necesario para la vida y que en cantidades moderadas es muy útil para la salud y hasta para ralentizar el envejecimiento. Por otra parte, y pasando al sector industrial, alejados de los compuestos orgánicos sulfurados y del propio sulfuro de hidrógeno y sus homólogos de selenio y teluro, el ácido más importante para la industria por su amplio empleo es el ácido sulfúrico H_2SO_4, y en tal magnitud, que se ha tomado su volumen de producción como una medida del desarrollo industrial de un país, y por supuesto de su economía.

De manera, que derivado de lo anterior, lo que para algunos efectos es indeseable para otros es deseable, y no lo olvide cuando sazona sus alimentos con ajo, o lo acompaña con cebollas, que son una rica fuente de azufre, selenio y en menor medida de teluro, engendradores de los compuestos químicos de olores más desagradables, para no emplear otros términos vulgares, pero que a la vez ejercen un efecto beneficioso y saludable en el organismo humano.

No obstante a lo anterior, no se acerque a ninguna fuente de compuestos orgánicos del selenio y el teluro, tampoco a su hidruro, no solo atendiendo a las propiedades tóxicas de algunos de ellos, como los hidruros, sino también porque puede convertirse durante un tiempo en un individuo de olor repulsivo, pese a las veces que usted se bañe, pues ni los geles, ni los jabones y detergentes, resultan efectivos, y no quisiera verlo esquivando a sus amigos por esta causa.

CAPÍTULO XIX

Los holgazanes del sistema periódico

El helio encabeza el grupo de los gases nobles. No se combina con ningún elemento.

Viven ajenos a los procesos químicos que ocurren en la naturaleza, para ellos todo es paz y tranquilidad, no se inmutan ante nada, solo descansan, de forma semejante a los perezosos en los árboles de las selvas tropicales, se les pudiese llamar

vagos, no trabajan ni hacen intención alguna por hacerlo, se escudan para ello en una cualidad sin precedentes, tienen su capa electrónica exterior completa, generalmente con ocho electrones, lo que les da una estabilidad extraordinaria, son los llamados *gases nobles o inertes*, grupo integrado por helio (He), neón (Ne), argón (Ar), kriptón (Kr), xenón (Xe) y radón (Rn), este último relativamente escaso y de naturaleza radiactiva.

Todos estos elementos tienen completo su nivel exterior de electrones alcanzando una estabilidad y una inercia química sin precedentes. La termodinámica ampara su estabilidad, también las leyes electrostáticas y la electroquímica, y por supuesto la empírica ley del octeto. La fuerza con que mantienen atraídos por su núcleo a los electrones más distantes es muy alta, y en definitiva si se hablase de vacaciones, a ellos seria conveniente imaginarlos tendidos en hamacas bajo hermosas palmeras degustando un vaso de limonada en una playa tropical, y eso durante todo el tiempo.

Así son y así estuvieron durante muchos siglos los gases raros o nobles, como considere llamarlos, amparados en su particular estructura electrónica; ni el cloro, ni el oxígeno, ni el violento y temperamental flúor, campeones de la violencia y la agresividad, fueron capaces, no de sustraerle, ni siquiera de compartir con ellos un solo electrón. Eran neutrales ante todo, no se inmiscuían en las frecuentes guerras y cataclismos en que se ven envueltos los elementos químicos; neutrales, como si fuesen la Suiza de los elementos químicos, para poner un ejemplo, y así permanecían ajenos a cualquier acontecimiento, ya fuera en sus fronteras colindantes con la región o grupo de los halógenos, o el de los metales alcalinos, ambos muy reactivos.

Y aquellos ilustres y calmados hijos de la tranquilidad disfrutaban de esa cómoda posición de estabilidad que les daba su estructura electrónica, sin preocuparse de nada, y en un paraíso elemental. Pero nada es eterno, y el flúor no cesaba en buscar la manera de penetrar aquellas inexpugnables *murallas,* (defensas) semejantes a las de Troya. Él no se daba por vencido, y al fin un día, mediante subterfugios encontró la forma de atacar aquella fortaleza auxiliándose de quien menos se esperaba, de un compuesto con un metal pesado, el platino. Este sería su *caballo de Troya*.

Para que aquello ocurriese era necesario acudir a los *dioses*, esto es, a los seres humanos, para que llevaran a acabo aquel milagro y esto lo realizó en 1962 el científico inglés Neil Bartlett, que logró, bajo condiciones adecuadas de temperatura y presión, romper la inercia química del Xeón para obtener el *hexafluoroplatinato de xenón* ($PtXeF_6$), primer compuesto químico conocido de un gas noble.

A partir del hecho anterior todo cambió, en ese mismo año se logró la reacción del radón con el propio flúor para obtener el fluoruro de radón. Al año siguiente se fue aún más osado, se atacó un bastión más difícil y al parecer inexpugnable, el del kriptón obteniéndose el KrF_2 (Difluoruro de kriptón) y ahí al parecer se paró la cosa, al menos durante cerca de 40 años (aunque en esos años se habían obtenido otros compuestos de los elementos antes mencionados), hasta que al finalizar el siglo XX se logró obtener el fluorohidruro de argón (ArFH) trabajando en condiciones de temperaturas muy bajas. No obstante, aún quedan dos elementos más del grupo invictos en esta lid, los más pequeños: *el helio y el neón*.

¿Pero cómo fue posible esta reacción, si se había probado que el elemento más electronegativo del sistema periódico, el flúor, era incapaz por si solo de formar compuestos con los gases nobles?

El problema, de hecho complejo, fue enfocado por Bartlett mediante una lógica extraordinariamente sencilla. Estudiaba el hexafluoruro de platino (PtF_6) y al ponerlo a reaccionar con el oxígeno obtuvo un compuesto donde este elemento, segundo en la escala de electronegatividad después del flúor, había perdido electrones y se mostraba con una carga eléctrica positiva. Esto no lo podía lograr el flúor por si solo, lo más era compartir electrones con la formación de un compuesto apolar con un diferencial de carga negativa que lo favoreciera, pero no arrancar el electrón a alguien que nunca había dejado que se lo arrancaran, al menos por medios químicos.

En esencia, Bartlett comprendió que el hexafluoruro de platino era más agresivo que el propio flúor, a quien todos los químicos temían por su extraordinaria reactividad, generalmente explosiva, como bien experimentaron los que intentaron en su día aislarlo, algunos con fatales consecuencias. Con este compuesto tan reactivo solo faltaba que se ensayara su reacción con un gas noble, claro no con los primeros del grupo que son de menor radio atómico y mantienen los electrones más fuertemente atraídos, por lo que era recomendable comenzar con los de mayor volumen atómico: **Xe y Rn**, de ahí resultaba lógico que se comenzara por el primero, pues aunque las posibilidades de éxito con el segundo podían resultar mejores químicamente, este es radiactivo, menos abundante, y por consiguiente mucho más difícil de trabajar en el laboratorio.

De manera, que sometido el xenón a una reacción con el hexafluoruro de platino se obtuvo un nuevo compuesto químico, y maravilla, bastante estable termodinámicamente. La fórmula del compuesto obtenido fue $PtXeF_6$, esto es, el hexafluoruro doble de platino y xenón, que resultaría ser el primer compuesto químico obtenido de un gas noble, con lo que se dejaba en entredicho, por vez primera, la validez de la regla absoluta del octeto como máxima estabilidad química de un átomo.

Posteriormente a este experimento, se abrió la compuerta de la química de los gases nobles, y sobre estos cayó una avalancha de químicos, como con la fiebre del oro, y en poco tiempo se sintetizaron numerosas sustancias más, sobre todo con los de mayor radio y volumen atómico, y por consiguiente menor fuerza para atraer los electrones: Kr, Xe y Rn. Al propio Bartlett se le achaca la síntesis de otros compuestos binarios fluorados del xenón.

Pese a los numerosos compuestos obtenidos de los gases nobles, había tres elementos que se resistían y se negaban rotundamente a participar en reacciones químicas, estuviese el flúor, el oxígeno, el cloro, o el propio hexafluoruro de platino presente, estos eran: el helio (He), el neón (Ne) y el argón (Ar). Uno de ellos, ante tanta insistencia, cedió en su lucha por mantener su inactividad y en el mismo año 2 000, último del siglo XX, se divulgó la noticia de la síntesis de un compuesto químico del mismo: el fluorhidruro de argón (HArF), para lo cual fue necesario trabajar a una temperatura tan baja como la de de -233 °C, a tan solo 40 grados del cero absoluto (-273,15 °C), y en condiciones muy especiales.

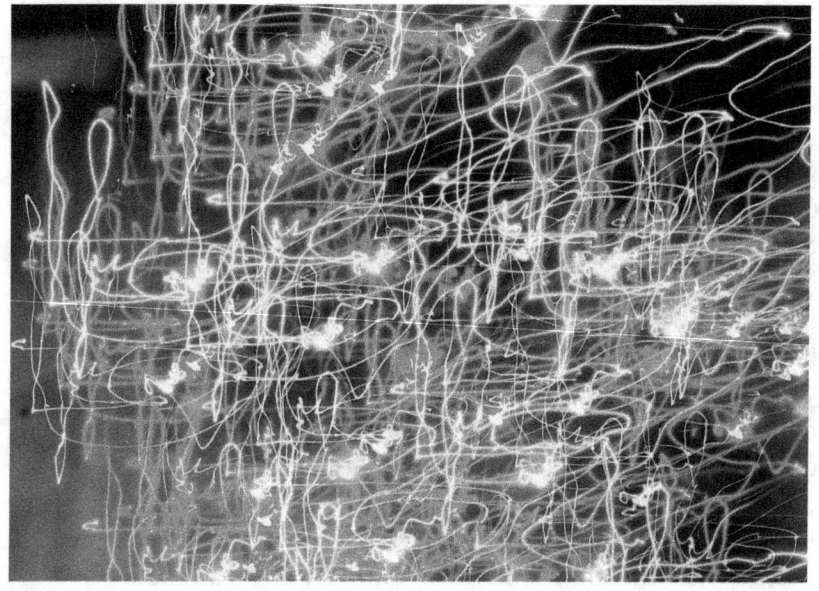

Luces de Neón

Aquellos holgazanes del sistema periódico de los elementos, que Mendeleiev había ubicado en el grupo cero de su tabla periódica (actualmente se le asigna el XVIII) por fin dejaron su inactividad y comenzaron a cumplir, como otros elementos químicos, con sus funciones laborales en el campo de la naturaleza, esto es, interaccionar con otros elementos para formar nuevos compuestos. Sin embargo, aún quedan dos de ellos reposando en sus hamacas y tomando su limonada a la sombra de las palmeras, en las playas tropicales: el helio y el neón, los únicos holgazanes que aún quedan en el sistema periódico.

Por ironías del destino, por criterios incomprensibles de los tribunales de los premios Nóbel, o quizás por la sencillez de sus experimentos, Neil Bartlett no obtuvo el premio Nóbel de Química, tal como lo habían logrado los científicos ingleses Jonh Rayligh y William Ransay en 1904 por el descubrimiento de los gases nobles, sin embargo, este científico que vivió hasta 1908 recibió otros premios y condecoraciones en países como Reino Unido, Canadá y Estado Unidos, lugares donde realizó su actividad científica, y para muchos, *el descubrimiento de la reactividad de los gases nobles fue uno de los logros más trascendentales de la ciencia contemporánea.*

CAPÍTULO XX

Los más ricos del sistema periódico

Lingote de oro puro

En términos metafóricos, hay un sector de la tabla periódica de los elementos donde habitan cómodamente los metales que alcanzan los mayores precios en el mercado internacional, muchos de ellos tienen su residencia en este exclusivo lugar desde los albores de la civilización y otros se han ido incorporando con el tiempo, en la medida que se aprecia y crece su valor

Su barrio está ubicado dentro de los elementos de transición, nada de representativos por muy importantes que estos puedan parecer, y en una zona central de la tabla periódica se acumulan los más poderosos, lo que vendría a ser como el *Beberly Hill* de Los Ángeles, con cercas y vallados, edificaciones de varias plantas que cuentan con largos y amplios pasillos y salones, con valiosos cuadros colgando de las paredes, enormes salas de baño, algunas tan grandes como las de la casa de una persona humilde, piscinas y jardines, garajes con varios coches de alta gama, y por supuesto, cámaras de seguridad, también, y por último, cajas de caudales perfectamente encubiertas para que no estén a la vista de ojos indiscretos.

En tiempos no tan remotos la zona delimitada en que más elementos de las altas finanzas se encontraban, formaba un cuadrado geométrico con las coordenadas 10,4, 10,5, 11,4 y 11,5, siendo los primeros números: los *grupos* y los segundos: los *períodos* del sistema periódico, nos referimos al platino (Pt), paladio (Pd), plata (Ag) y oro (Au), aunque el orden de riquezas no tiene que ser este, porque hoy día el Pd es el metal más acaudalado entre ellos, aunque muchos pensasen que fuese el oro.

Valorado el precio del kilogramo de estos metales en el mercado mundial (Spot Prices)*, a día de hoy, 22 de marzo de 2019, esto arroja:

Ag: $ 499,26
Pt: $ 27 801,16
Au: $ 42 099,24
Pd: $ 50 308, 44

* El Spot price se define como: el precio corriente de un producto, de un bono o de una divisa; es el precio que es pactado para transacciones (compras o ventas) de manera inmediata.

Sobresale, como era de esperar, el alto precio del oro, y el que ha tomado el paladio en los últimos tiempos, también el del platino, a nuestro juicio todos enormemente exagerados, mientras la otrora *reina* de las monedas: la plata, sinónimo de tener algo de dinero, con las frases *tengo plata*, hay que *buscar plata*, etc. su valor es ridículo ante los otros gigantes financieros.

El que la plata no esté en el grupo de los metales más costosos, nos hace preguntarnos ¿si hay algunos otros metales relativamente raros, o de aplicación en sectores de la industria, que puedan tener valores tan altos.

La pregunta es importante porque a los que nos hemos referido son metales relacionados con la acuñación histórica de monedas, o la joyería, pero hay otros que pueden resultar también muy valiosos, y en esto surge una nueva y gran sorpresa. Otros dos metales sobrepasan el valor de todos los anteriores: el rodio (Rh) y el iridio (Ir), cuyos precios por kg son:

Rh: $113 935,02

Ir: $ 51 485,44

Esto hace que se agrande la frontera de habitad de los poderosos con nuevas coordenadas 9,4 (Rh) y 9,5 (Ir), de manera que ahora tendremos que referirnos, en vez de un cuadrado, a un rectángulo, y cuidado, que dos de los elementos contiguos del grupo VIII: Rutenio (Ru) y Osmio (Os), vienen incrementando su valor sistemáticamente, lo que puede acarrear que con el tiempo, el rectángulo pudiese aumentar aún más su superficie.

Entonces podemos resumir, que por orden, a día de hoy, los 5 metales más costosos por kg, según el *Price spot*, son los siguientes:

Rodio $ 113 935,02

Iridio $ 51,485,44

Paladio: $ 50 308, 44

Oro: $ 42 099,24

Platino: $ 27 801,16

Esta lista y su orden es de existencia temporal y puede variar en un futuro de acuerdo a numerosos factores, tales como:

abundancia, nuevas aplicaciones técnicas, conflictos, guerras, operaciones especulativas de los mercados, etc.

Platino y diamantes. Joya.

Lo que si resulta en un hecho indiscutible es que la plata ya no compite con los grandes, y el oro no es el metal más valioso y de mayor precio.

Un último detalle, y a los efectos prácticos con los que tienen que ver con el oro y la antigua forma, aún vigente, de valorar su contenido: *los quilates*.

Los quilates constituyen una antigua unidad de medida para determinar la cantidad de oro en un objeto, por consiguiente, a mayores quilates hay más cantidad de oro. Las composiciones de oro más conocidas son:

24 quilates: oro puro o 99,999 % de oro
22 quilates: 96,67 % de oro
18 quilates (el más frecuente): 75 % de oro
14 quilates: 58,33 % de oro
8 quilates: 33,33 % de oro

La forma más fácil de determinar el por ciento de oro puro de un objeto, incluyendo las joyas, es dividir su valor en quilates entre 24 y multiplicarlo por cien, así, un objeto de 10 quilates tendrá un contenido en oro de (10/24) x 100, esto es: 41,67 % de oro puro.

Por último, nos parece de moral ciudadana ayudar a acabar con un mito: las joyas con oro de 24 quilates (100 % de oro) no tienen utilidad práctica porque este metal es muy blando (dureza 2,5 en la escala de Mohs) y se arañaría o marcaría con mucha facilidad disminuyendo considerablemente su valor estético, *por lo que eso de joyas elaborados de oro con 24 quilates es solo un mito, o una mala práctica de venta para atraer los clientes menos entendidos.*

¡Ah!, una cosa es joyería y otra los lingotes y las monedas hechos de oro, los cuales si pueden alcanzar los 24 quilates, esto es entre 99,99 y 100 % de pureza áurea.

El color de las joyas elaboradas de oro puede ir desde el blanco al rojo, o al rosa, dependiendo de la naturaleza del metal con el que esté aleado, y visto los precios del paladio en este momento, cualquier aleación con este aclara su color y aumenta su valor.

Algunas aleaciones del cobre con el zinc, o el cadmio, dan colores muy semejantes al oro, pero su dureza es mucho mayor, y por consiguiente, generalmente no se emplean en joyería, también existen normas prohibitivas al respecto. De todas formas no debe olvidase que el cadmio está considerado un metal muy tóxico, sobre todo cuando se calienta, y esto sería necesario para elaborar aleaciones de este tipo.

OTRAS OBRAS DEL AUTOR

EL PELIGROSO ARTE DE FREÍR

CALIXTO LÓPEZ
ROSALÍA ROUCO

CALIXTO LÓPEZ HERNÁNDEZ

ACEITE DE AGUACATE

BIBLIOGRAFÍA

Asimov. I. (1999). *Breve Historia de la Química*. Alianza Editorial. 1999.

Atkins, P. (2001). *Principios de Química*. Bookman Porto Alegre, 2001.

Boyle, R. (1985). *Física, Química y Filosofía Mecánica*. Alianza Editorial, SEP, México, 1985.

Brauer, G. (1963). *Handbook of Inorganic Preparative Chemistry*. Academic Press, New York, 1693.

Brown, T. et al. (2012). *Química. La ciencia Central*. 12da. Edición. Pearson, México. 2014.

Burns, R. (2011). *Fundamentos de Química*. 5ta. Edición. Pearson, 2011.

Canham, G. (2000). *Química Inorgánica Descriptiva*. 2da. Edición. Pearson Educación, México, 2000.

Chadwick J. (1987). *El Enigma Micénico*. Taurus, 1987.

Chang, R. (2010) *Química*. 10ma. Edición. McGraw-Hill. Editorial Mexicana, 2010.

Chivers, T. (2005) *A guide to Chalcogem-Nitrogen Chemistry*. World Scientific Publishing, Singapre, 2005.

Claver I. (1942). *Combustibles Vegetales.* Sección de Publicaciones Prensa y Propaganda. Gráfinas Uguina, Madrid, 1942.

Comyns, A. (2000).*Encyclopedic Dictionary of Named*

Processes in Chemical Technology. Ed. Alan E.Comyns. Boca Raton: CRC Press LLC, 2000

Coplen, T. (1999). *Atomic Weights of the Elements 1999*. (IUPAC Technical Report). Pure Appl. Chem., Vol. 73, No. 4, pp. 667–683, 2001. © 2001 IUPAC.

Cotton, F. and G. Wilkinson. (1972). *Advance Inorganic Chemistry*. A comprehensive text. Intrsciense Publishers, USA. 1972.

Cotton, S (1997). *Chemical of Precious Metals*. Blackie Academic and Professional USA, 1997.

Curie, E. (1973). *La vida heroica de María Curie*. Espasa-Calpe, Madrid, 1973.

De la Selva, T. (1993). *De la Alquimia a la Química*. Fondo de Cultura Económica, S. A. de C.V., México, 1993.

Di Risio, I. Vazquez y M. Soberano (2009). *Química Básica*. 3ra. Edición. Buenos Aires, 2009.

Font-Altaba, M. y A. San Miguel. (1996). *Atlas Temático de Geología*. Idea Books. S.A. Barcelona, España.1996.

Gérardin, L, (1972). *La alquimia*. Culture, Art, Loisirs, 1972.

Grimal, N. (1996) *Historia del Antiguo Egipto*. Ediciones Akal, S. A. 1996.

Heslop, R. and P. Robinson. (1963). *Inorganic Chemistry. A Guide to advanced study*. Second edition. Elsevier Publishing. Netherland.1963.

Hiscox, G. y A. Hopkings (2007). *Recetario Industrial*. Enciclopedia. 2da. Ed. Edit. Gustavo Pili, Barcelona, 2007.

Homero. *La Ilíada*. Luarna Ediciones, Librodoct.com

Huheey, J., E. Keiter y R. Keiter (1997). *Química Inorgánica. Principios de Estructura y reactividad.* Cuarta edición. Oxford University Press. 1997.

Jolivet J. et al. (1994). *Methal Oxide Chemistry and Síntesis.* John Wiley and Sons, England, 2000.

Jolm J. (2006). *Forgotten Chemistry.* Barron`s Educational Series USA, 2006

Lawson, R. (1957). *Sciense in the Ancient World. An Enciclopedia.* ABC Clio,
California, 2004.

Levin, I. (2001). *Química Cuántica.* 4ta. Edición. Prentice-Hall. 2001.

Los Alamos National Laboratory's Chemistry Division. *Periodic Table of the Elements.* A Resource for Elementary, Middle School, and High School Students

Lucrecio Caro, Tito. (1984). *De la Naturaleza de las Cosas.* Ediciones Orbis S.A. España, 1984.

Maham, M. y R. Myers. (1987). *Química. Curso Universitario.* 4ta. Edición. . Addison-Wesley Iberoamericana, 1987.

McMurry, J. y R. Fay. (2009). *Química General.* 5ta. Edición. Pearson Prentice-Hall, 2009.

Nekrasov, B. (1962). *Química General.* Editorial Mir, Moscú, 1962.

Paknaik, P. (2002). *Handbook of Inorganic Chemicals.* McGraw-Hill. New York.

Partington, J. (1950). *A Text of Inorganic Chemistry.* Macmillan and Co., Londres, 1950.

Patai, S. (1974). *The Chemistry of the Thiol Group*. Part 2. John Wiley and Sons. London, 1974.

Petrucci, R. W. Harwood y F. Herring. (2003). *Química General*. 8va. Edición. Prentice-Hall. Madrid, 2003.

Quinn S. (1995). *Marie Curie: A Life*. Simón and Schuster, 1995.

Roscoe, H. and C. Schorlemmer (1879). *A Treatise on Chemistry* (Volume II.
Metals). Mc Millan and Company, London 1879.

Roscoe, H. and C. Schorlemmer (1881) *A Treatise on Chemistry* (Volume I.
The Non-Merallic Elements). Mc Millan and Company. London, 1881

Rossoti, H. (1994). *Introducción a la Química*. Salvat. 1994.

Russel H. and E. Grunwald, (1971). *Atoms Molecules and the Chemical*, Prentice-Hall, Nueva York, 1971.

Salas, S. et al. (2001). *El hundimiento del Titanic visto a través de la ciencia y la ingeniería de los materiales*. Profesores al Día. 2001. pp. 193-201.

Schulpin, G. (1990). *Química para Todos*. Edit. Mir, Moscú. 1990.

Semishin, V. (1967). *Prácticas de Química General e Inorgánica*. Editorial Mir, Moscú, 1967.

Silberberg, M. (2010). *Principles of General Chemistry*, 3rd Edi. MacGraw-Hills. 2010.

Slossons, E. (1921). *Creative Chemistry*. London University of London Press, LTD. (1921).

Smith R. Editor (2002). *Inventions and Invenciones*. Salem Press, Inc. Pasadena, California, 2002.

Snoejink, V. y D. Jenkins. (2002). *Química del Agua*. Editorial LIMUSA. México. 2002.

Speight, J. (2005). *Lange's Handbook of Chemistry*. Sixteenth Edition. McGraw-Hill. 2005.

Struve, V. (1985). *Historia de la Antigua Grecia*. Edit. Sarpe, Madrid, 1985.

Talbot, D. and J. Talbot. (1997). *Corrosion Sciense and Technology*. USA 1997.

Tarbuck, E. y F. Lutgens (2005). *Ciencias de la Tierra*. Pearson Prentice-Hall. Madrid,

Timberlake, K. (2011). *Química. Una Introducción a la Química General, Orgánica y Biológica.* 10ma. Edición. Pearson Educación 2011.

Vlasov, L. y D. Trifunov. (1976). *Química Reacreativa*. Editorial Mir, Moscú. 1976.

Voskovóinikok, V., V. Kudrin y A. Yákushev. (1982). *Metalurgia General*. Editorial Mir, 1982.

Whitten, K. et al. (2000). *Química*. 8va. Edición. Cengale Learning editors. México, 2000.

Williams, L. (2010). *AP Envirnmental Sciense*. McGraw-Hill. 2010.

Páginas Web.

Hopkins, S. (1923). Chemistry of the Rarer Elements. D. C. Heat and Company (1923). USA. http://pearl1.lanl.gov/periodic/elements/3.html (2 of 2) [3/6/2001 8:38:05 AM]

https://pixabay.com/es/

http://universobotanico.blogspot.com/2013/08/las-plantas-y-sus-pigmentos.html

https://es.wikipedia.org/wiki/Elemento_químico

ÍNDICE

-Prólogo --- Pág. 002
I.- El elemento más triste del Universo --------------------- Pág. 004
II.- Orden en el desorden. La tabla periódica------------ Pág. 010
III.- La voluntad de una mujer ------------------------------ Pág. 021
IV.- Nube de estrellas -- Pág. 035
V.- El maravilloso líquido de los puentes de
hidrógeno --- Pág. 039
VI.- Tres padres para un mismo elemento --------------- Pág. 048
VII.- Carbono o diamante ----------------------------------- Pág. 057
VIII.- El milagro de la sublimación ----------------------- Pág. 067
IX.- Las alianzas del cobre --------------------------------- Pág. 072
X.- Los duros y blandos metales alcalinos -------------- Pág. 078
XI.- El hierro, el metal de la guerra ----------------------- Pág. 081
XII.- Misterios metálicos del Titanic --------------------- Pág. 090
XIII.- El elemento químico número 13 ------------------- Pág. 098
XIV.- El magnesio: señor de la luz y de las plantas------Pág. 107
XV.- La fantasmal luz de la fosforescencia ------------- Pág. 114
XVI.- Nitrógeno, elególatra de los elementos
químicos ---Pág. 123
XVII.- El mercurio, perverso elixir para la vida
eterna -- Pág. 132
XVIII.- Los deseables indeseables ------------------------- Pág. 143
XIX.- Los holgazanes del sistema periódico ------------ Pág. 150
XX.-Los más ricos del sistema periódico ---------------- Pág. 156
-Otras obras del autor-- Pág. 163
-Bibliografía-- Pág. 170
-Índice -- Pág. 176

www.ingramcontent.com/pod-product-compliance
Lightning Source LLC
Chambersburg PA
CBHW080912170526
45158CB00008B/2087